TURING 图灵新知

# 你不可不知的
# 50个数学知识

[英] 托尼·克里利◎著　王悦◎译

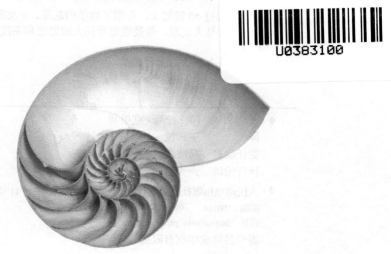

## 5O Mathematical Ideas You Really Need to Know

人民邮电出版社
北　京

**图书在版编目（CIP）数据**

你不可不知的50个数学知识 / （英）克里利（Crilly，T.）
著 ； 王悦译. -- 北京 ： 人民邮电出版社，2010.9（2024.2重印）
（图灵新知）
书名原文：50 Mathematical Ideas You Really Need to Know

ISBN 978-7-115-23378-3

Ⅰ. ①你… Ⅱ. ①克… ②王… Ⅲ. ①数学—普及读物
Ⅳ. ①O1-49

中国版本图书馆CIP数据核字（2010）第132490号

## 内 容 提 要

这是一本数学科普书。作者通过50篇短文，介绍了数学的起源、π及斐波那契数列的神秘意义、相对论、混沌理论、数独、复利、费马大定理、黎曼猜想等伟大的思想和系统。内容丰富多彩，生动有趣。让读者为其深深着迷。

本书适合于对数学感兴趣的各个层次的读者阅读。

◆ 著　　　　 [英] 托尼·克里利

译　　　　 王 悦

责任编辑　 马晓燕

执行编辑　 卢秀丽

◆ 人民邮电出版社出版发行　　 北京市丰台区成寿寺路 11 号

邮编　100164　 电子邮件　315@ptpress.com.cn

网址　https://www.ptpress.com.cn

固安县铭成印刷有限公司印刷

◆ 开本：787×1092　1/24

印张：9　　　　　　　　　 2010 年 9 月第 1 版

字数：232千字　　　　　　 2024 年 2 月河北第 50 次印刷

著作权合同登记号　 图字：01-2009-4806 号

定价：39.00元

读者服务热线：(010)84084456-6009　 印装质量热线：(010)81055316

反盗版热线：(010)81055315

广告经营许可证：京东市监广登字 20170147 号

# 版 权 声 明

# 译 者 序

　　这绝对是一本不可多得的好书。它不是说教式的科普书，也不是粗浅的少儿读物，不论你从事什么职业、多大年龄、教育水平如何，这本书都值得一读。它不仅可以让你对数学中所有重要的概念和思想有大体的了解，而且，它阐述数学的角度和风格是你在任何枯燥古板的教科书中都找不到的，相信它一定会燃起你学习数学的热情。如果你是一名数学专业的研究人员，这本书一样可以带给你莫大的收获，跟随作者的笔触，你就像搭乘一座飞船，邀游于数学的四维时空中：从古老的巴比伦数字，到现代的计算机理论；从经济学中的博弈理论，到物理学中的相对论；从数学象牙塔中的哥德巴赫猜想，到每日报刊上的数独游戏；从英年早逝的天才少年伽罗瓦，到无所不能的数学大师欧拉……这本书可以让你跳出自己狭小的研究圈子，再次体验一览众山小的快感，感叹数学在人类文明史上扮演的伟大角色！

　　翻译这样一本优秀的图书，是我莫大的荣幸。在翻译过程中，我自己已经被作者的笔墨所折服。学习的过程总是愉悦的，尤其是以一种生动别样的方式来学习这门人类文明中最美丽，同时也与我们的生活息息相关的科学。同时，翻译这样的书也有相当大的压力，对于书中的术语细节，人文逸事，我都在图书馆和因特网上参阅了很多资料，对于其中辞藻的拿捏，也都是慎之又慎，希望能够尽量保持原作者那生动而热情的语言风格。尽管如此，受水平所限，文中难免还有疏漏，希望广大读者阅读时审慎明辨，并且批评指正。如果本书能够让读者燃起学习和研究数学的兴趣，或者对整个数学史乃至人类文明产生一些新的思索与理解，对于我来说，那将是最大的荣幸与欣慰。

　　回顾这本书的翻译过程，要十分感谢图灵公司的编辑们，是她们不断的沟通和建议，以及在后期编辑过程中的一丝不苟，保证了这本书的内容和质量。最后要感谢家人和朋友们对我的支持和鼓励！

王　悦

2010 年 4 月于北京

# 引　言

数学是一门浩瀚的学科，没有人能够完全掌握它。一个人只可能探索并发现其中一条单独的小径。本书就是提供了这样一条小径，带领我们去领略不同的时代与文化，以及多少世纪以来激发了数学家兴趣的那些思想。

数学是一门既古老又现代的学科，它是受广泛的文化及政治影响而逐步建立起来的。我们现代的数字系统来自于印度和阿拉伯，然而它也是随历史长河不断调节变更的结果。公元前二、三世纪巴比伦人使用的六十进制，在当今文化中仍然有迹可寻——1 分钟有 60 秒，1 小时有 60 分钟；直角仍是 90 度，而并不是 100 百分度（百分度制是法国大革命时期，向十进制转换时所采纳的第一个改动）。

现代科学技术的成就与成功都与数学密不可分，若你宣称在学生时代没有学好数学，这是件丢脸的事。当然，学校所教授的数学显然不太一样，教学总是有应试教育的成分。学校在教学进度上的压力也不是什么好事，因为对于数学这门学科，求快是没有任何好处的。人们需要时间去真正了解那些思想。有些最伟大的数学家经历了漫长而痛苦的挣扎过程，才最终理解了他们课题中那些深奥难懂的概念。

读这本书不必着急。它需要在悠闲的时候细细品味。你可以充分利用好你的时间去发现那些你所听过的概念的真正意义。只要愿意，你可以从"零"或者任何其他章节开始，在这些数学思想的岛屿间尽情游览。比如，你可以对博弈论充分了解后，再去阅读幻方。或者，你也可以从黄金矩形看到著名的费马大定理，或者选择任何其他的路径。

对于数学而言，这是一个让人兴奋的时代。一些主要数学问题在最近一些年中被解决。现代计算技术的发展对其中一些起了重要作用，而对另外一些可能起到的作用则微乎其微。四色问题是通过计算机的帮助解决的，然而黎曼猜想（本书的最后一章）仍然是未解之谜，计算机和其他任何方法对此都无能为力。

　　数学是属于所有人的，数独的流行就是一个很好的例证。人们可以在不了解数学的情况下研究数学，并且享受数学。在数学领域，就像在艺术或音乐领域一样，从来不乏天才，但是数学的历史绝不仅仅属于他们。你可以看到在一些章节中出现的人物在另外一些章节中再次露面。伦纳德·欧拉（2007 年是他诞辰 300 周年）就将在这本书中频繁出现。但是，数学真正的进步却要归功于几百年来平凡的"大众"所积累下的工作。对于这 50 个主题的选择完全是出于我个人意愿，当然，我努力做到不偏不倚。这其中的主题涉及日常的和高深的，纯理论的和应用的，抽象的和具体的，古代的和当代的。数学是一门综合性的学科，写这本书的难度不在于如何挑选主题，而是如何舍弃一些主题。其实，完全可以挑出 500 个思想，但对于开启你的数学生涯来说，50 个已经足够了。

# 目 录

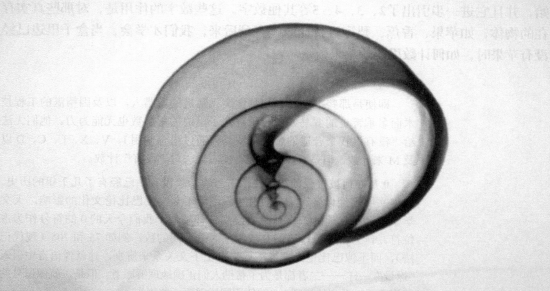

你不可不知的 **50** 个数学知识

# 01　0

在很早的时候，我们是逐步步入数学王国的。我们以为1是"数字字母表"的开始，并且它进一步引出了2、3、4、5等其他数字。这些数字的作用是，对那些真实存在的物体，如苹果、香蕉、梨等进行计数。直到后来，我们才学会，当盒子里边已经没有苹果时，如何计数里边的苹果数。

即使是那些推动科学和数学突飞猛进的希腊人，以及因精湛的工程技术而名垂青史的罗马人，对于空盒子里边的苹果数也无能为力。他们无法给"没有"找个合适的名字，罗马人通过组合使用 I、V、X、L、C、D 以及 M 来计数，但是 0 在哪里呢？他们无法对"没有"计数。

**0 是如何被接受的？**　使用符号表示"没有"已经有了几千年的历史。玛雅文明已经以各种形式使用 0。之后不久，受巴比伦文化的影响，天文学家托勒密在他的数字系统中使用一种类似于我们今天的 0 的符号作为占位符。作为占位符，这些 0 被用来区分不同的数，例如 75 和 705（现代记法），而不像巴比伦人那样需要根据上下文关系来辨别。这就像语言中引入"逗号"一样——二者都是为了帮助人们正确地理解原意。但是，就像逗号的使用需要一系列的规则，0 的使用同样需要一些规则。

在 7 世纪，印度数学家婆罗摩笈多将 0 作为一个"数字"对待，而不仅仅是一个占位符，并且建立了一套使用规则。这些规则包括"正数和 0 相加的结果仍为正数"及"0 和 0 相加仍得 0"。在认为 0 是数字而不是占

## 大事年表

| 公元前 700 年 | 公元 628 年 |
|---|---|
| 巴比伦人在他们的数字系统中使用 0 作为占位符 | 婆罗摩笈多（Brahmagupta）使用了 0，并制定了 0 与其他数字的运算法则 |

位符这一点上,他确实有了很大的进步。包含了 0 的印度-阿拉伯数字系统最早是由比萨的列奥纳多(即斐波那契)于 1202 年在他的《计算之书》(*Liber Abaci*)中发表的,随后在西方推广开来。斐波那契成长于北非,受过印度 – 阿拉伯算术的教育,因而认识到了将 0 与印度符号 1、2、3、4、5、6、7、8 和 9 组合运用的威力。

0 进入数字系统也带来了一个问题,这个问题婆罗摩笈多曾简要提出过:究竟如何对待这个"闯入者"?他仅仅是开了个头,但是他的说法太含糊了。如何以一种更为精确的方式将 0 融入到现有的算术系统中呢?显然需要作一些调整。对于加法和乘法来说,0 的加入很容易,但是减法和除法操作对这个"外来者"似乎并不那么友好。需要有一些方法保证 0 和已被接受的算术相协调。

**0 如何工作?** 0 的加法和乘法是一目了然且毫无异议的——当然,你可以在 10 后边加一个 0 得到 100,但我们这里指的"加"是一种更加严谨的算术运算。一个数和 0 相加,结果还是这个数;而任何数和 0 相乘,结果都得 0。例如,$7+0=7$,$7\times0=0$。减法也是一个简单的运算,不过可能会得到负数。例如,$7-0=7$,$0-7=-7$。然而,和 0 相除却有很大难度。

设想用一把尺来测量一个长度。假定这把尺的长度为 7 个单位。我们想要知道对于要测的长度,需要排列多少把这样的量尺。如果这个被测长度是 28 个单位,那么答案将是 $28\div7=4$。除法的另一个更好的表示方法是

$$\frac{28}{7}=4$$

然后,我们可以通过交叉相乘法将上式写为乘法形式,$28=7\times4$。那么,将 0 除以 7 会得到什么呢?我们假设结果是 $a$,则有

$$\frac{0}{7}=a$$

| 830 年 | 1150 年 | 1202 年 |
|---|---|---|
| 摩诃毗罗(Mahavira)设想了 0 和其他数字是如何相互作用的 | 婆什迦罗(Bhāskara)在代数中将 0 用作一个符号,并尝试演示它是如何运算的 | 斐波那契(Fibonacci)在印度-阿拉伯数字系统 1,…,9 中加入了一个额外的符号 0,但他认为它和其他数字的地位并不等同 |

通过交叉相乘法，该式等价于 $0 = 7 \times a$。如果该式成立，那么 $a$ 唯一的可能就是 0 本身，因为如果两数相乘的结果为 0，那么其中必有一数为 0。这个数显然不是 7，所以 $a$ 必须是 0。

对 0 来说，这并不是最主要的难题，最危险的事情是将 0 作为除数。如果我们用处理 $\dfrac{0}{7}$ 的方式处理 $\dfrac{7}{0}$，我们将得到如下等式

$$\frac{7}{0} = b$$

通过交叉相乘法得到 $0 \times b = 7$，最终我们将得到一个毫无意义的等式 $0 = 7$。如果允许 $\dfrac{7}{0}$ 的结果作为一个数字存在，那我们很可能面临一场数字灾难。避免这个问题的方法是将 $\dfrac{7}{0}$ 看作未定义的。如果用 0 除 7（或者其他任何非 0 的数），我们认为得到的是毫无意义的结果，因此我们不允许这种运算的发生。这就好比不允许在一个英文单词的中间加入逗号，因为结果是毫无意义的。

在 12 世纪，印度数学家婆什迦罗沿着婆罗摩笈多的脚步继续考虑将 0 作除数这件事情，他建议这个结果应该是无穷大的。这是合理的，因为如果将一个数除以一个很小的数，其结果是非常大的。例如，7 除以 $\dfrac{1}{10}$ 得 70，而除以 $\dfrac{1}{100}$ 得 700。分母越小，结果越大。当分母小到最小时，也就是小到 0 时，那么结果将会是无穷大。如果接受这种解释，那么我们将需要解释一个更加奇异的概念——无穷大。和无穷大纠缠下去是无济于事的。无穷大（其数学标准符号为 ∞）并不遵循通常的算术法则，它也不是一个通常意义下的数字。

如果说 $\dfrac{7}{0}$ 提出了一个难题，那么该如何处理更奇怪的 $\dfrac{0}{0}$ 呢？如果 $\dfrac{0}{0} = c$，通过交叉相乘可以得到等式 $0 = 0 \times c$，也就是 $0 = 0$。虽然这个结果并不是很有启发性，但不再是没有意义的了。事实上，$c$ 可以是**任何数字**，这个结果是有可能的。我们得到的结论是 $\dfrac{0}{0}$ 可以是任何数。用数学界文雅的方式来说，结果是"模糊的"。

**0 有什么用？** 没有 0 将万事难行。科学的进步都依靠它。我们常谈论 0 度经线，温度标尺上的 0℃，以及类似的 0 能量、0 重力等。这种思想同样进入了非科学的语言里，例如零时（发动进攻的时刻）、零容忍（指对轻微过失都不予放过的严厉执法政策）。

不过，它还有更多的用途。如果你从纽约的第五大道走进帝国大厦，你所在的华丽门厅是大厦第 1 层。这里实际上利用了数字来排序，1 表示"第一"，2 表示"第二"等，直到 102 代表"第一百零二"。在欧洲确实存在第 0 层，只是大家不愿意这么叫。

没有 0 就不成数学。它处在数学概念的最核心位置，使得数字系统、代数、几何得以成立。在数字序列中，0 将正数和负数区分开来，因此占据了一个享有特权的位置。在十进制系统中，0 作为占位符，使我们既可以使用很大的数，也可以使用很精微的数字。

经过了数百年的研究历程，0 已经被接受和使用，成为了人类最伟大的发明之一。19 世纪，美国数学家霍尔斯特德（G. B. Halsted）改编了莎士比亚的《仲夏夜之梦》里的名言来描述它，称它是推动进步的发动机，赋予了"虚无缥缈以落脚的场所、名字、图形和符号，而且赋予它有益的力量，这正是印度民族自出现以来所表现的特征"。

当 0 被引入时，必然会被认为是非常怪诞的。但是数学家们习惯于紧紧抓牢这些看似奇怪，而后又被证明十分有用的概念。在今天，相同的事情发生在集合论里（集合是一些元素的全体）。在这个理论中，∅ 代表集合中没有任何元素，称为"空集"。虽然看起来也是一个十分奇怪的思想，但是就像 0 一样，它是不可或缺的。

---

## 关于 0

正数和 0 相加仍为正数

负数和 0 相加仍为负数

正数和负数相加的结果是数值之间的差异；如果它们的数值相同的话，结果为 0

0 被正数或负数除的结果仍为 0，或者可以表示为 0 为分子，有限的数为分母的分数

**婆罗摩笈多，公元 628 年**

---

# "没有"也大有用途

# 02 数字系统

**数字系统是一种处理"多少"的方法。不同的文化在不同的时代采用了各种不同的方法，包括从基本的"1，2，3，很多"到我们今天所使用的高度复杂的十进制表示方法。**

大约 4 000 年前，苏美尔人和巴比伦人（居住于今天的叙利亚、约旦以及伊拉克）在他们的日常生活中使用了一种位值制。我们之所以称其为位值制，是因为它通过符号的位置表示"数字"。而且，他们使用 60 作为基本单位——也就是我们今天所谓的六十进制系统。六十进制在如今仍随处可见：1 分钟有 60 秒，1 小时有 60 分钟。当测量角度时，我们仍将整个圆周定义为 360 度，尽管我们曾尝试过将其定义为 400 百分度的测量系统（这样，每个直角将对应 100 百分度）。

尽管我们的祖先使用数字主要是出于实用需求，但有些证据可以表明这些早期文化是由数学本身所激发的。祖先们会抛开生活中的实际事物，拿出时间来专门探索这些文化。这些成果包括我们今天所谓的"代数学"以及几何图形的性质等。

公元前 13 世纪开始的埃及系统是一种使用象形符号表示的十进制系统。特别是，埃及人发明了一种处理分数的系统。但我们今天使用的十进制位值制其实是来自于巴比伦人，其后被印度人改进。它的优势在于可以同时表示非常小和非常大的数。由于仅仅使用印度-阿拉伯数字 1、2、3、4、5、6、7、8 和 9，运算也会相对简单。要验证这一点，让我们来看一下罗马数字系统。这个系统也可以满足人们的需求，但只有专家才能够用它进行计算。

## 大事年表

| 公元前 30 000 年 | 公元前 2000 年 |
| --- | --- |
| 旧石器时代的欧洲人在骨头上刻下数字记号 | 巴比伦人用符号表示数字 |

**罗马数字系统** 罗马人所使用的基本符号是"个，十，百，千"（I, X, C, M）及其一半的"五，五十，五百"（V, L, D）。这些符号可以组合出其他数字。有人猜想，使用 I、II、III 和 IIII 的原因是它们和我们的手指比较像，而 V 则比较像手掌的形状，将它颠倒后再与另一个 V 合起来形成了 X，就得到了两只手或者说 10 个手指。C 来自于 centum 而 M 来自于 mille，（这两个词在拉丁文中分别代表一百和一千）。另外，罗马人使用了一个十二进制的分数系统，并用 S 代表"二分之一"。

罗马数字系统利用了"右加左减"的方法来产生所需要的符号，但是可以看到这种方法并未被一以贯之。罗马人喜欢用 IIII 这种写法，IV 是后来才被引入的。IX 的组合方式似乎早已经被采用，而在罗马人看来，SIX 则意味着 $8\frac{1}{2}$！右边是罗马数字系统中使用的基本数字，包括中世纪时期的一些增补。

处理罗马数字可不是件容易的事。例如，MMMCDXLIIII 的意思只有在心里为它加上括号才能变得明晰。将其看作（MMM）（CD）（XL）（IIII）后，才能读出 3000+400+40+4=3444。再试想将 MMMCDXLIIII 和 CCCXCIIII 相加。一个技能熟练的罗马人可能有一些快速计算的捷径和技巧，但对于我们来说，如果不将两个数首先转换到十进制系统，再把相加的结果换算回罗马数字表示，就很难得到正确结果：

相加

| | | |
|---|---|---|
| 3444 | → | MMMCDXLIIII |
| + 394 | → | CCCXCIIII |
| =3838 | → | MMMDCCCXXXVIII |

在这个基本的系统中，两个数字的相乘更加困难，也许连罗马人对此也束手无策！要计算 3444×394，我们需要使用那些中世纪时期增补的数字。

## 罗马数字系统

| 罗马帝国时期 | | 中世纪时期增补 | |
|---|---|---|---|
| S | 二分之一 | | |
| I | 一 | | |
| V | 五 | $\overline{V}$ | 五千 |
| X | 十 | $\overline{X}$ | 一万 |
| L | 五十 | $\overline{L}$ | 五万 |
| C | 百 | $\overline{C}$ | 十万 |
| D | 五百 | $\overline{D}$ | 五十万 |
| M | 千 | $\overline{M}$ | 一百万 |

**公元 600 年**

我们现在所使用的十进制表示法起源于印度

**1200 年**

印度-阿拉伯数字系统 1, …, 9 以及 0 得到广泛传播

**1600 年**

十进制系统的符号拥有了我们今天可以辨识的形式

| 相乘 | | |
|---|---|---|
| 3444 | → | MMMCDXLIIII |
| × 394 | → | CCCXCIIII |
| = 1 356 936 | → | MCCCLVMCMXXXVI |

罗马人并没有表示 0 的特殊符号。如果你让一个素食主义的罗马市民记录当天喝下多少瓶酒，他可能会写下 III，但是如果你让他写下吃了多少只鸡，他却写不出 0 来。如今罗马数字仍然被一些书籍用来作为页数标记，而且在一些建筑物的奠基石上也可以看到它们的踪影。罗马人从来不使用的数字组合，例如用 MCM 代表 1900，由于风格原因却被现代所采用。其实，罗马人会写为 MDCCCC。法国国王路易十四，如今被普遍写为 Louis XIV，但实际上他更希望别人称他 Louis XIIII。而且他还定下了规则，要求他的时钟的 4 点钟要记为 IIII 点钟。

**路易十四的时钟**

**十进制数字**　我们现在很然地会把"数字"等同于十进制数。十进制系统以 10 为基，使用数字 0、1、2、3、4、5、6、7、8 和 9。虽然它实际上是以"10"以及"1"为基的，但"1"可以融入到"10"的表示中。当我们写下数字 394，在十进制的意义上，我们可以将其解释为由 3 个百、9 个十和 4 个一组成，这可以写为

$$394 = 3 \times 100 + 9 \times 10 + 4 \times 1$$

该式同样可以写为 10 的"幂"的形式（或者说"指数"形式）

$$394 = 3 \times 10^2 + 9 \times 10^1 + 4 \times 10^0$$

其中 $10^2 = 10 \times 10$，$10^1 = 10$，并且我们认为 $10^0 = 1$。在这种表达式中，我们可以更清楚地看到我们日常所使用的数字系统中的十进制基数，这个系统使得乘法和加法变得十分清晰。

**十进制的小数点**　迄今为止，我们已经看过了如何表示整数。但是这个十进制系统可以用来表示一个数的一部分吗，比如 $\frac{572}{1000}$？这意味着

$$\frac{572}{1000} = \frac{5}{10} + \frac{7}{100} + \frac{2}{1000}$$

我们可以将 10、100、1000 的"倒数"看作 10 的**负幂**，所以

$$\frac{572}{1000}=5\times10^{-1}+7\times10^{-2}+2\times10^{-3}$$

或者可以直接写为 **0.572**，小数点表明了 10 的负幂的起始位置。如果将这一项加到十进制数 394 上，我们便得到了一个十进制数扩展形式 $394\frac{572}{1000}$，简写为 **394.572**。

对于那些非常大的数，十进制表示可能会非常冗长。这种情况下，我们可以使用"科学计数法"。例如，1 356 936 892 可以写为 $1.356\,936\,892\times10^{9}$（在计算器或电脑上经常表示为 $1.356\,936\,892\times10E9$）。可以看到，幂 9 比原数的位宽小 1，而 E 代表"exponential"（指数）。有些时候我们需要用到更大的数字，例如，我们会谈论到宇宙中已知的所有氢原子数大约是 $1.7\times10^{77}$。同样地，拥有负幂数的 $1.7\times10^{-77}$ 是一个非常小的数。但在这两种情况中，我们都很容易用科学计数法处理。而如果使用罗马数字，我们连想都不敢想这些数字。

**0 和 1** 尽管十进制是日常生活中普遍存在的进制，但一些应用还是需要用到其他进制。以 2 为基的二进制系统便是现代计算机的基础。二进制的美在于所有的数字都可以用 0 和 1 两个符号表示。不过，由此带来的代价便是数字的表达式可能会变得非常长。

在二进制系统中如何表示 394 呢？这次我们将借助 2 的幂。经过一些运算，我们可以得到它的展开式

$$394=1\times256+1\times128+0\times64+0\times32+0\times16+1\times8+0\times4+1\times2+0\times1$$

通过读出上式的 0 和 1，394 的二进制表示为 **110001010**。

由于二进制的表示可能非常冗长，所以还有一些基数在计算中会被经常用到，其中包括八进制和十六进制。在八进制中，我们仅仅需要数字 0、1、2、3、4、5、6、7；同理，十六进制会用到 16 个符号，即 0、1、2、3、4、5、6、7、8、9、A、B、C、D、E、F。于是 394 在十六进制中便表示为 18A。而 ABC 在十进制中则是对应 2748。

| 2 的幂 | 十进制 |
| --- | --- |
| $2^{0}$ | 1 |
| $2^{1}$ | 2 |
| $2^{2}$ | 4 |
| $2^{3}$ | 8 |
| $2^{4}$ | 16 |
| $2^{5}$ | 32 |
| $2^{6}$ | 64 |
| $2^{7}$ | 128 |
| $2^{8}$ | 256 |
| $2^{9}$ | 512 |
| $2^{10}$ | 1024 |

# 将数字写下来

# 03 分数

分数（fraction）的字面意义是"分裂的数字"。如果我们想把一个整数分开，一个适当的方法是使用分数。让我们举个传统的例子，那个著名的蛋糕三等分的例子。

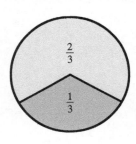

获得蛋糕 3 部分中 2 部分的人得到了整个蛋糕的 $\frac{2}{3}$，而另一个不幸运的人只得到了整个蛋糕的 $\frac{1}{3}$。将这两部分合起来的话，我们又得到了整个蛋糕。或者，以分数的形式，$\frac{1}{3} + \frac{2}{3} = 1$，1 代表整个蛋糕。

这里还有另外一个例子。你或许在大卖场见到过衬衣的打折广告，宣称价格为其原价的八折。这个分数写为 $\frac{4}{5}$。我们也可以说衬衣的价格降了二折，这个分数写为 $\frac{1}{5}$。我们看到 $\frac{4}{5} + \frac{1}{5} = 1$，1 代表衬衣的原价。

分数总是以一种一个整数在另一个整数"上面"的形式出现。下面的数叫做"分母"，因为它告诉我们一个整数总共有多少等分。上面的数叫做"分子"，因为它告诉我们这个数包含了多少个这样的等分。所以，从已经建立的规则来看，分数总是具有如下形式

$$\frac{分子}{分母}$$

对于分蛋糕的例子，你想吃整块蛋糕的 $\frac{2}{3}$，分母是 3，分子是 2。$\frac{2}{3}$ 是由两个 $\frac{1}{3}$ 组成的。

我们也可以有 $\frac{14}{5}$ 这样的分数形式（称为"假分数"），它的分子大于分母。将 14 除以 5，得 2 余 4，可以写为"带分数" $2\frac{4}{5}$。该数由两部分组

## 大事年表

| 公元前 1800 年 | 公元前 1650 年 |
| --- | --- |
| 巴比伦文化中出现了分数 | 埃及人使用了单分数 |

成：整数 2 以及"真分数" $\frac{4}{5}$。在早期，一些人将其写为 $\frac{4}{5}$2。通常，在分数的表示方式中，分子和分母没有公因数。例如，$\frac{8}{10}$ 的分子和分母含有公因数 2，因为 8=2×4，10=2×5。如果我们将该分数写为 $\frac{8}{10} = \frac{2\times4}{2\times5}$，就可以"约掉"公因数 2，从而得到 $\frac{8}{10} = \frac{4}{5}$，一个更为简单的等价形式。数学家称分数为"有理数"（rational number），因为它们是两个数字的比率（ratio）。有理数是希腊人可以"测量"的数字。

**加法和乘法** 关于分数一个很奇怪的性质是，它们的乘法要比加法更简单。整数的乘法如此麻烦，以至于人们发明了很多计算技巧。但是对于分数来说，它的加法却更为困难，需要考虑更多东西。

让我们首先看一下分数的乘法。如果你买了一个原价 30 英镑、售价为原价八折的衬衣，你需要支付的价格将是 24 英镑。30 英镑被分为五部分，每部分为 6 英镑，最后你需要支付的价格为其中的四部分，4×6=24。

接着，商店的经理发现该衬衣的销售状况仍不理想，因此价格被进一步下调为现售价的 $\frac{1}{2}$。如果现在你走进商店，以 12 英镑的价格就可以买下这件衬衫。这是因为 $\frac{1}{2} \times \frac{4}{5} \times 30 = 12$。将两个分数相乘，你仅仅需要将分母和分子分别相乘

$$\frac{1}{2} \times \frac{4}{5} = \frac{1\times4}{2\times5} = \frac{4}{10}$$

如果经理将两次减价写成一个广告标语，那么现售价将是原售价 30 英镑的四折，$\frac{4}{10} \times 30$，即 12 英镑。

将两个分数相加则完全是另外一回事。对于 $\frac{1}{3} + \frac{2}{3}$ 来说还算比较容易，因为两个分数的分母是一样的。我们仅仅需要将两个数的分子相加，得 $\frac{3}{3}$，即为 1。但是我们如何将蛋糕的三分之二和五分之四相加？如何计算出 $\frac{2}{3} + \frac{4}{5}$？

| 公元 100 年 | 1202 年 | 1585 年 | 1700 年 |
|---|---|---|---|
| 中国人发明了一种分数计算系统 | 比萨的列奥纳多（即斐波那契）使得分数的横线表示法得以普及 | 西蒙·斯蒂文建立了一套十进制分数的理论 | 分数线"—"被广泛地使用（如 $\frac{a}{b}$） |

我们希望可以简单地计算 $\frac{2}{3}+\frac{4}{5}=\frac{2+4}{3+5}=\frac{6}{8}$，但不幸我们不能这样计算。

将分数相加需要另外一种方法。将 $\frac{2}{3}$ 和 $\frac{4}{5}$ 相加，我们首先需要将两个数表示为具有相同分母的分数形式。首先将 $\frac{2}{3}$ 的分子和分母同乘以 5 得到 $\frac{10}{15}$，然后将 $\frac{4}{5}$ 的分子和分母同乘以 3 得到 $\frac{12}{15}$。现在两个分数有相同的分母 15，我们只需要将其分子相加即可求出它们的和

$$\frac{2}{3}+\frac{4}{5}=\frac{10}{15}+\frac{12}{15}=\frac{22}{15}$$

**转化为小数** 在科学世界和大多数的数学应用里，我们更多地选择用小数来表示分数。$\frac{4}{5}$ 等同于 $\frac{8}{10}$，而这个分母为 10 的分数又可以写为小数 0.8。

以 5 或 10 为分母的分数转换起来比较容易。但是我们如何将 $\frac{7}{8}$ 这样的分数转换为小数呢？这时我们只需要知道：当我们用一个整数除以另一个整数时，结果要么是恰好被整除，要么就是得到某个倍数以及一个剩余的数，我们称之为余数。

以 $\frac{7}{8}$ 为例，将分数形式转换为小数形式的过程如下：

- 尝试用 7 除以 8。除不动，或者可以说商为 0，余数为 7。因此，我们写下 0，后面跟着小数点，即 "0."。
- 现在用 70 除以 8（上一步得到的余数乘 10）。结果商为 8，因为 8×8=64，余数为 6（70-64）。我们将其写到第一步的结果后边，即 "0.8"。
- 然后用 60 除以 8（上一步得到的余数乘 10）。因为 7×8=56，所以结果为得 7 余 4。我们继续将它写下来，到现在我们已经得到 "0.87"。
- 再用 40 除以 8（上一步得到的余数乘 10）。结果被整除，商正好为 5，余数为 0。当我们得到余数为 0 时，计算结束。我们得到了最后的结果 "0.875"。

当将此转换方法用到其他分数上时，我们有可能永远都算不完！计算会一直持续下去。例如，要将 $\frac{2}{3}$ 转换为小数，我们发现在计算的每一步里，

用 20 除以 3 的结果都是得 6 余 2。因此我们只好继续用 20 除以 3，但这样永远不会有余数为 0 的时候。在这种情况下，我们得到了无限小数 0.666 66… 可以将其写为 $0.\dot{6}$，表示"循环小数"。

类似的无穷无尽的小数非常多。分数 $\frac{5}{7}$ 很有意思。对于这个数，我们

可以算出 $\frac{5}{7}$ = 0.714 285 714 285 714 285 …我们发现序列 714285 在不断重

复。如果一个分数导致了不断重复的序列，我们同样将永远得不到一个有

限的小数。我们将用"·"标记循环小数。$\frac{5}{7}$ 于是将写为 $0.\dot{7}1428\dot{5}$。

**埃及分数** 对于公元前 2000 年的古埃及人，他们的分数系统是基于象形符号的单分数（这些单分数的分子为 1）。我们是从如今保存在大英博物馆的莱茵德纸草书（Rhind Papyrus）知道这些的。这是一个如此复杂的分数系统，只有那些接受过训练的人才能知道其中的秘密，并作出正确的计算。

埃及人只使用了很少一些"享有特权"的分数，如 $\frac{2}{3}$，其他所有的分数都表

示为单分数，如 $\frac{1}{2}$、$\frac{1}{3}$、$\frac{1}{11}$ 及 $\frac{1}{168}$。这些是他们的"基本分数"，其他所有分数

都可以用它们来表示。例如，$\frac{5}{7}$ 不是单分数，但它可以表示为单分数和的形式

$$\frac{5}{7} = \frac{1}{3} + \frac{1}{4} + \frac{1}{8} + \frac{1}{168}$$

这里必须使用**不同的**单分数。这个系统的一个特点是，可能有不止一种的分数表示方法，有些方法可能要比其他的更为简短。例如，

$$\frac{5}{7} = \frac{1}{2} + \frac{1}{7} + \frac{1}{14}$$

这种"埃及展开法"也许实用性非常有限，但是这个系统却激励了很多代的纯数学家，并且提出了很多颇具挑战的难题，其中一些到如今仍未解决。例如，对于最短的埃及展开方法的完整分析还有待更加勇敢无畏的数学家去尝试。

| | |
|---|---|
| $\frac{1}{2}$ | |
| $\frac{1}{3}$ | |
| $\frac{2}{3}$ | |
| $\frac{1}{4}$ | |
| $\frac{3}{4}$ | |

**埃及分数**

数上骑个数

# 04 平方和平方根

如果你喜欢玩弄点方阵，那么你的思维方式就类似于毕达哥拉斯学派。这个活动是毕达哥拉斯领导的社团所推崇的。毕达哥拉斯因为他发明的同名定理而被人们所熟记。他出生于希腊的萨摩斯岛，而他的秘密宗教社团是在意大利南部发展壮大的。毕达哥拉斯学派相信数学是理解宇宙本质的关键。

数数这些点，我们发现左边第一个方阵由一个点组成。对于毕达哥拉斯学派来说，1 是最重要的数字，渗透着精神的存在。因此我们有了一个很好的开端。继续计数后边那些方阵的点数，我们得到一系列"平方数"1，4，9，16，25，36，49，64，…它们被称为"完全"平方数。你可以通过在前一个方阵的上方和右方增加一圈点，从而得到下一个平方数，例如 9+7=16。毕达哥拉斯学派并没有停在方阵上。他们考虑了其他的形状，例如三角形、五边形以及其他多边形。

三角形数很像一堆石头。计数这些点可以得到 1，3，6，10，15，21，28，36，…如果你希望算出一个三角形数，可以使用前一个三角形数，并加上在最下面一行增加的点数。例如，10 的下个三角形数是多少？它的最下面一行有 5 个点，因此我们得到 10+5=15。

如果你比较平方数和三角形数，将会看到 36 同时出现在两个清单里。但是，这里还有一个更为惊人的联系。如果你拿两个**连续的**三角形数并将其相加，将得到什么？让我们尝试一下并把结果记录到表格中。

没错！当你将两个连续的三角形数相加，就得到一个平方数。你同样可以通过一个"无字证明"来发现它。考虑一个 4×4 的点方阵，我们划一

## 大事年表

| 公元前 1750 年 | 公元前 525 年 | 公元前 300 年 |
|---|---|---|
| 巴比伦人编纂了平方根表 | 毕达哥拉斯学派研究了几何排列的平方数 | 欧多克斯斯的无理数理论在欧几里得的《几何原本》的第 5 卷中被提及 |

条对角线穿过它。线上方的点可以形成一个三角形数，而线下方的点形成下一个三角形数。这个结论适用于任何大小的方阵。通过这些"点图"计算面积是一种捷径。一个边长为 4 的正方形面积为 $4×4=4^2=16$ 平方单位。通常，如果正方形边长计为 $x$，面积则为 $x^2$。

平方 $x^2$ 是抛物线状的基础。这是一种你可以在碟形卫星接收天线或是车前灯反射镜上找到的形状。抛物线有一个焦点。碟形卫星天线的焦点上放置着一个传感器，用于接收从卫星传来的平行波在碰到碟形曲面后反射回来汇聚在焦点上的信号。

在车前灯上，位于焦点处的灯泡发出的光经内壁反射后可以成为平行光。在体育项目中，铅球运动员、标枪运动员及链球运动员都知道抛物线为任何物体下落到地面所经过的路径曲线。

**平方根** 如果我们将问题反过来，想要知道一个已知面积为 16 的正方形的边长，答案很明显是 4。16 的算术平方根是 4，写为 $\sqrt{16}=4$。使用 $\sqrt{}$ 作为平方根符号从 16 世纪就开始了。所有平方数的平方根都正好是整数。例如，$\sqrt{1}=1$，$\sqrt{4}=2$，$\sqrt{9}=3$，$\sqrt{16}=4$，$\sqrt{25}=5$ 等。在数轴上，这些完全平方数的间隔中是许多其他的数字：2，3，5，6，7，8，10，11，……

对于平方根来说还有一个非常绝妙的表示方法。就像 $x^2$ 表示一个平方数一样，我们可以将平方根写为 $x^{\frac{1}{2}}$，这种记法与两数相乘等于指数相加的运算法则相一致。这是对数的基础，在 1600 年左右我们知道了乘法问题可以转换为加法运算，从而发明了对数。但那是另一个故事了。所有数都具有平方根，但它们并不一定是整数。几乎所有计算器都有一个 $\sqrt{}$ 按钮，使用它们，我们可以发现，例如 $\sqrt{7}=2.645\ 751\ 311$。

**将两个连续三角数形相加**

| | |
|---|---|
| 1+3 | 4 |
| 3+6 | 9 |
| 6+10 | 16 |
| 10+15 | 25 |
| 15+21 | 36 |
| 21+28 | 49 |
| 28+36 | 64 |

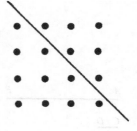

**公元 630 年**
婆罗摩笈多给出了计算平方根的方法

**1550 年**
符号 $\sqrt{}$ 被用于表示平方根

**1872 年**
戴德金建立起一套有关无理数的理论

让我们看一下 $\sqrt{2}$。数字 2 对于毕达哥拉斯学派来说具有特殊的意义，因为它是第一个偶数（古希腊人认为偶数是阴性的而奇数是阳性的，并且这些较小的数字都各具个性）。如果你使用计算器计算 $\sqrt{2}$，将得到 1.414 213 562（假设你的计算器可以提供这么多位的小数）。这就是 2 的平方根吗？我们通过计算 1.414 213 562×1.414 213 562 来验算一下。结果得到 1.999 999 999。结果并不严格等于 2，这是因为 1.414 213 562 仅仅是 2 的平方根的近似值。

最让我们震惊的可能是，我们得到的永远只能是近似值！将 $\sqrt{2}$ 展开到小数点后百万位也仍然还是近似值。数字 $\sqrt{2}$ 在数学中很重要，虽然可能不及 $\pi$ 和 $e$（见第 5 章和第 6 章），但也足够重要，从而可以拥有自己的名字——它有时被称为"毕达哥拉斯数"。

**平方根是分数吗？** 关于平方根是否是分数的疑问关联到古希腊已知的测量理论。假设有一条直线 $AB$，我们想要测量它的长度。我们使用一个不可分的"单位长度" $CD$ 来测量它。要完成测量，我们将单位长度 $CD$ 连续起来沿 $AB$ 排列。如果我们共摆放了 $m$ 次单位长度，并且最后一个单位长度末端恰好与 $AB$ 末端（点 $B$）相齐平，那么 $AB$ 的长度为 $m$。如果末端没有齐平，我们可以在 $AB$ 的末端延伸出一个它自身的复制，并且继续使用单位长度测量（见左图）。古希腊人相信在使用了 $n$ 个复制以及 $m$ 个单位长度后，最后一个单位长度的末端将和第 $n$ 个 $AB$ 的末端相齐平。这时 $AB$ 的长度将是 $\frac{m}{n}$。例如，如果总共并排摆放了 3 个 $AB$ 和 29 个单位长度，则 $AB$ 的长度为 $\frac{29}{3}$。

古希腊人也考虑过如何测量一个直角三角形的斜边 $AB$ 的长度，其中该三角形的两条直角边长度都为一个单位长度。根据毕达哥拉斯定理，$AB$ 的长度可以被象征性地写为 $\sqrt{2}$，那么问题是，是否 $\sqrt{2} = \frac{m}{n}$？

通过用计算器计算，我们已经发现 $\sqrt{2}$ 的小数表示是无穷无尽的，这个事实（小数展开没有尽头）似乎暗示了 $\sqrt{2}$ 不是一个分数。但小数 0.333 333 33… 同样没有尽头，可它却表示分数 $\frac{1}{3}$。我们需要更多让人信服的证据。

**$\sqrt{2}$ 是分数吗？** 这将引出数学里一个最著名的证明。这种证明方法是古希腊人所喜欢的风格：**归谬法**。首先假设 $\sqrt{2}$ 不可能同时既是分数又不是分数。这其实是逻辑的"排中律"。在这个逻辑中，除了"是"或"不是"外不存在其他可能。希腊人的证明方法真是太绝妙了！他们假设 $\sqrt{2}$ 是分数，然后通过一步步严谨的逻辑推理，得到矛盾的结论。让我们看一下这个过程。假设

$$\sqrt{2} = \frac{m}{n}$$

我们还可以施加更多假设。我们可以假设 $m$ 和 $n$ 没有比 1 大的公因数。这是没问题的，因为如果它们确实具有比 1 大的公因数，我们也可以在证明开始之前将其约掉（例如，将 $\frac{21}{35}$ 的分子和分母的公因数 7 约掉后得到 $\frac{3}{5}$）。

我们可以将 $\sqrt{2} = \frac{m}{n}$ 的等号两边同时平方，得到 $2 = \frac{m^2}{n^2}$，因此 $m^2 = 2n^2$。从这里我们可以得到第一个结论：因为 $m^2$ 是某个数的 2 倍，所以它是个偶数。接着，$m$ 不可能是奇数（因为任何奇数的平方仍为奇数），所以 $m$ 也是一个偶数。

到现在为止，逻辑都没有问题。因为 $m$ 是偶数，所以它必然是某个数的 2 倍，我们不妨写为 $m = 2k$。将该式等号两边同时平方得到 $m^2 = 4k^2$。将该式和 $m^2 = 2n^2$ 相结合，得到 $2n^2 = 4k^2$。我们将公因数 2 约掉后得到 $n^2 = 2k^2$。我们之前也有过类似的结果！同理，可以得到 $n^2$ 是偶数，并且 $n$ 也是偶数。我们通过严谨的逻辑推理得到了 $m$ 和 $n$ 都是偶数，所以它们具有公因数 2。这个结论和先前 $m$ 和 $n$ 没有比 1 大的公因数的假设相矛盾。因此，$\sqrt{2}$ 不可能是一个分数。

同理也可以证明所有的 $\sqrt{n}$（除非 $n$ 是完全平方数）都不是分数。无法表示为分数的数被称为"无理数"，因此我们可以得出无理数的个数是无穷多的。

# 发现无理数

# 05 π

**π是数学中最著名的数。不用想自然界的其他常数，π总是会在榜单中拔得头筹。如果数字世界也有奥斯卡奖，那么π肯定每年都会得奖。**

π 或者 pi，是圆的周长和它的直径的比值。它的值，即这两个长度之间的比值，与圆的大小无关。无论圆是大是小，π 的值都是恒定不变的。圆是 π 的天然栖息地，但它的踪影在数学中无处不在，甚至见于那些与圆毫不相关的地方。

**锡拉库扎的阿基米德**　人们在古时候就对圆的周长和直径的比值产生了浓厚的兴趣。在公元前 2000 年左右，巴比伦人发现了周长大约是直径的 3 倍。

关于 π 的数学理论真正开始于锡拉库扎的阿基米德。数学家们喜欢给同行分个三六九等，而他们认为阿基米德可以与卡尔·弗里德里希·高斯（数学王子）和艾萨克·牛顿齐名。不管这种评价有何价值，阿基米德应该位列任何数学名人堂是毋庸置疑的。不过，他并没有完全待在数字的象牙塔里，他对天文学、数学、物理学也有着很高的造诣。他还设计过战争武器，例如抛石机、杠杆以及"聚光镜"，这些都是为了抵抗罗马人进犯。但根据记载，他身上具有教授们所常有的心不在焉的特质，否则当他发现了流体静力学中的浮力定律时，他怎么会从浴盆里跳出来，连衣服都不穿就冲到大街上大喊"Eureka"（拉丁语"我发现了"）呢？至于他是如何庆祝自己在 π 上的发现，我们就无从得知了。

在把 π 定义为周长和直径的比值后，如何进一步计算圆的面积呢？

**对于直径为 $d$，半径为 $r$ 的圆**

周长 $=\pi d=2\pi r$

面积 $=\pi r^2$

**对于直径为 $d$，半径为 $r$ 的球**

表面积 $=\pi d^2=4\pi r^2$

体积 $=\dfrac{4}{3}\pi r^3$

## 大事年表

| 公元前 2000 年 | 公元前 250 年 |
| --- | --- |
| 巴比伦人发现 π 约等于 3 | 阿基米德给出 π 的近似值为 $\dfrac{22}{7}$ |

通过推导，可知半径为 $r$ 的圆的面积为 $\pi r^2$，或许这一点比周长 / 直径给出的定义更加有名。$\pi$ 对于周长和面积的双重职责是非常重要的。

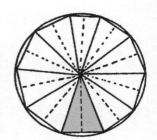

这个结论是如何证明的呢？圆可以被切分为很多狭长的三角形，其底边边长为 $b$，高度近似为半径 $r$。它们在圆内部形成一个多边形，圆的面积可以近似为这个多边形的面积。让我们首先将圆划分为 1000 个三角形。推导过程都将是近似操作。我们可以将每对相邻的三角形拼成一个近似的矩形，其面积为 $b \times r$。那么整个多边形的面积将是 $500 \times b \times r$。由于 $500 \times b$ 约等于半圆的周长，即 $\pi r$，那么整个多边形的面积为 $\pi r \times r = \pi r^2$。划分的三角形越多，近似值就越接近实际值。最后，在极限上我们可以得出圆的面积为 $\pi r^2$。

阿基米德估算出 $\pi$ 的值处在 $\frac{223}{71}$ 和 $\frac{220}{70}$ 之间。正是因为阿基米德，我们有了大家所熟知的 $\pi$ 的近似值 $\frac{22}{7}$。$\pi$ 这个符号的提出则要归功于现在已经少有人知的威廉·琼斯，他是一个威尔士数学家，在 18 世纪初成了伦敦皇家学会的副主席。物理学家和数学家欧拉进一步推广了 $\pi$ 在圆周率语境中的应用。

**π 的精确数值** 我们永远无法知道 $\pi$ 的**精确数值**，因为它是一个无理数，这一点被约翰·兰伯特于 1761 年证明。$\pi$ 的小数展开是无穷无尽的，并且没有可预测的模式。它的前 20 位是 3.141 592 653 589 793 238 46…中国数学家用 $\sqrt{10}$（3.162 277 660 168 379 331 99…）作为 $\pi$ 的近似值，这个值在 500 年后被婆罗摩笈多所采用。事实上，这个值比 3 这个粗略的近似值要好一些。与 $\pi$ 相比，它直到小数点后第 2 位才不相同。

$\pi$ 可以从一个无穷级数算得。一个著名的公式是

$$\frac{\pi}{4} = 1 - \frac{1}{3} + \frac{1}{5} - \frac{1}{7} + \frac{1}{9} - \frac{1}{11} + \cdots$$

但它收敛到 $\pi$ 的速度极其缓慢，计算是几乎不可能的。欧拉找到了另一个可以收敛到 $\pi$ 的漂亮公式：

$$\frac{\pi^2}{6} = 1 + \frac{1}{2^2} + \frac{1}{3^2} + \frac{1}{4^2} + \frac{1}{5^2} + \frac{1}{6^2} + \cdots$$

自学成才的天才拉马努金想出了好几个漂亮的 π 的近似公式。以下这个式子仅涉及 2 的平方根：

$$\frac{9801}{4412}\sqrt{2} = 3.141\,592\,\underline{7}30\,013\,305\,660\,313\,996\,189\,0\cdots$$

数学家对 π 是如此着迷。在兰伯特证明了它不可能是分数之后，德国数学家林德曼在 1882 年解决了一个关于 π 的悬而未决的问题。他证明了 π 是"超越"的，即 π 不可能是代数方程（一个仅含有 x 的幂的方程）的解。通过解决这个"千古之谜"，林德曼证明了"化圆为方"（给定一个圆，如何利用一副圆规和一把直尺构造一个和它面积一样的正方形）是不可能做到的。

对于 π 的精确数值的计算快速推进着。1853 年，威廉·尚克斯（William Shanks）宣称已经将它精确到了 607 位（实际上只精确到 527 位）。在当代，计算机给予了将 π 精确到更多位的新的动力。1949 年，π 被精确到了小数点后 2037 位，这是由 ENIAC 计算机经过了 70 个小时的计算完成的。到 2002 年，π 已经精确到令人瞠目结舌的 1 241 100 000 000 位，而且这个数还在继续增长。如果我们在赤道上写出 π 的近似值，尚克斯的计算结果仅仅需要 14 米，而 2002 年得到的这个结果则足以绕地球大约 62 圈。

人们还提出并解答了关于 π 的各式问题。π 的这些数字是完全随机的吗？有没有可能预测它的展开式里的一段序列？例如，有没有可能在展开式中出现 0123456789 这样的序列？在 20 世纪 50 年代，人们认为这个问题是不可知的。当时人们在 π 已知的 2000 位展开式中没有找到这样的序列。荷兰数学界的领军人物鲁伊兹·布劳威尔就认为这个问题毫无意义，因为他相信这个序列是不可能出现的。但事实上，这个序列在 1997 年被找到了，它开始于第 17 387 594 880 位，或者按照上边的那个说法，它所在的位置差 5000 公里就绕完地球整一圈了。你可以在仅仅 1000 公里后就发现 10 个连续的 6，却要在绕地球 1 圈后再走 6000 公里才能找到 10 个连续的 7。

### 诗歌中的 π

如果你真想记住 π 的前些位数值，也许一首小诗可以帮助你。仿效数学教学中传统的"记忆法"，迈克尔•基思（Michael Keith）对爱伦•坡的长诗《乌鸦》稍作了改编。

爱伦•坡的原诗的开始部分

The raven E. A. Poe
*Once upon a midnight dreary, while I
pondered weak and weary,
Over many a quaint and curious volume of
forgotten lore,*

基思改编后的诗的开始部分

Poe, E. Near A Raven
*Midnights so dreary, tired and weary
Silently pondering volumes extolling all by-
now obsolete lore.*

在基思的版本里，每个单词里的字母个数，代表了 π 展开后的前 740 位。

**π 的重要性**　知道 π 的这么多位有什么用？毕竟，大多数计算仅仅需要知道小数点后几位就够了。对于任何一项实际应用来说，所需的精度很可能都不需要超过 10 位，而对于其中的大多数，阿基米德的近似值 $\frac{22}{7}$ 就已经足够了。然而，对于 π 的精确计算绝不是仅仅为了娱乐。它除了能使那些自称为"π 的朋友"的数学家们神魂颠倒外，还可以用于测试计算机的性能极限。

或许关于 π 的最离奇的一段故事是，美国印第安纳州议会曾经试图通过一项议案，以固定它的数值。这个故事发生在 19 世纪末，一个名叫古德温（E. J. Goodwin）的医学博士提出了一项议案，希望让 π 变得"易理解"。但这项议案面临的实际问题是：提议者自己都不知道他想要固定的值是多少。值得庆幸的是，在议案通过之前，他们意识到了对 π 进行立法是一件多么荒唐的事情。在那以后，政客们便远离了 π。

# 当 π 被打开

# 06 *e*

**相对它的唯一竞争者 π 来说，*e* 就像是初来乍到的。π 由于其可追溯到巴比伦时期的辉煌历史而显得更具威严，而 *e* 却没有什么值得称道的历史为其添彩。常数 *e* 是年轻而充满生机的，当涉及"增长"时，它就会出现。无论是人口、金钱或其他的自然数量，它们的增长总是不可避免地会涉及 *e*。**

*e* 是一个近似值为 2.718 28 的数。那么它为什么这么特别呢？它并不是一个随机产生的数，而是数学中最伟大的常数之一。它萌发于 17 世纪早期，那时，几个数学家正致力于试图阐明对数的思想，这个伟大的发明使得大数之间的乘法可以转换为加法。

然而，*e* 的故事真正开始于某种 17 世纪的电子（e）商务。当时，瑞士的伯努利家族像个生产数学家的工厂，为世界奉献了一批杰出的数学家，雅各布·伯努利正是这个家族的一员。1683 年，雅各布开始研究复利的问题。

**金钱，金钱，金钱** 假设我们考虑一年定期存款，利率为 100%，初始存款（称为本金）为 1 英镑。当然，我们几乎不可能得到 100% 这么高的利息，这个数字仅仅是为了便于计算，我们完全可以将其推广到真实的利率，例如 6% 或 7%。同理，如果我们假定本金为 10 000 英镑的话，那么计算过程中的所有数字都要乘以 10 000 倍。

在第一年结束后，按 100% 的利率来算，我们现在拥有了本金以及相应的利息 1 英镑。也就是说，现在的总额高达 2 英镑。现在我们假设将利率降低到 50%，但每半年单独结算一次。在上半年结束后，我们得到了 50 便士的利息，总额增加到 1.50 英镑。所以，在下半年结束时，我们将以这个基数

**大事年表**

| 公元 1618 年 | 1727 年 |
|---|---|
| 约翰·纳皮尔遇到了一个与对数相关的常数 *e* | 欧拉在对数理论中使用了符号 *e*，因此它有时也被称为欧拉数 |

计算利息，共得到 75 便士的利息。所以一年结束后，我们由最初的存款 1 英镑增长到了 2.25 英镑！通过每半年计算一次复利，我们得到了额外 25 便士的利息。虽然这看起来很少，但如果我们是投资了 10 000 英镑的本金，我们最后得到的将是 22 500 英镑，而不是 20000 英镑。通过每半年计算一次复利的方法，我们得到了额外的 2500 英镑。

不过，如果每半年计算一次复利可以使我们的本金获得更多的利息，银行也同样可以从我们欠银行的债务上获得更多的利息，所以我们一定要小心！现在假设将一年划分为四个季度，每个季度的利率为 25%。经过类似的计算，我们发现 1 英镑的本金增加到了 2.441 41 英镑。我们的钱在增加，而对于 10 000 英镑的本金来说，如果能进一步缩短计算利息的周期（哪怕降低些利率），我们将能获得更多的利息。

但我们的钱会无限增长下去，使我们变为百万富翁吗？如果我们将一年时间继续划分为越来越短的周期，这个"极限过程"最终将使本息和停留在某一个常数上，如右表所示。当然，现实中计算复利的最短周期是每天（银行正是这么做的）。这个过程的数学结论是，这个极限值（数学家称之为 $e$）是将复利的计算变得连续发生时，1 英镑的本金最后所获得的本息和。这是个好消息还是坏消息呢？你应该知道答案：如果你是在存款，那么它是好消息；而如果你欠银行钱，它就是坏消息。这是一个"在线（e）学习"的问题。

| 每……计算一次复利 | 本息和 |
| --- | --- |
| 年 | 2.000 00 英镑 |
| 半年 | 2.250 00 英镑 |
| 季度 | 2.441 41 英镑 |
| 月 | 2.613 04 英镑 |
| 周 | 2.692 60 英镑 |
| 天 | 2.714 57 英镑 |
| 小时 | 2.718 13 英镑 |
| 分 | 2.718 28 英镑 |
| 秒 | 2.718 28 英镑 |

**$e$ 的精确值**　和 π 一样，$e$ 也是一个无理数，因此，我们也无法知道它的精确数值。将 $e$ 精确到小数点后 20 位的结果是 2.718 281 828 459 045 235 36…

如果仅仅使用分数，并且限定分母和分子都是两位数的话，$e$ 的最佳近似是 $\frac{87}{32}$。有趣的是，如果将分母和分子限定到三位数，则最佳近似是 $\frac{878}{323}$。第二个分数恰好为第一个分数的一个回文展开——数学总是时不时会给我们奉上一些小的惊喜。关于 $e$ 的一个著名的展开公式为

| 1748 年 | 1873 年 | 2007 年 |
| --- | --- | --- |
| 欧拉将 $e$ 计算到了小数点后 23 位；大概在同一时期，他发现了著名的欧拉公式 $e^{i\pi}+1=0$ | 埃尔米特证明了 $e$ 是一个超越数 | $e$ 被精确到了小数点后 $10^{11}$ 位 |

$$e=1+\frac{1}{1}+\frac{1}{2\times1}+\frac{1}{3\times2\times1}+\frac{1}{4\times3\times2\times1}+\frac{1}{5\times4\times3\times2\times1}\cdots$$

上式中的阶乘用感叹号来表示更方便一些。例如，5!=5×4×3×2×1。根据这种表示法，$e$ 可以表示为我们更熟悉的形式

$$e=1+\frac{1}{1!}+\frac{1}{2!}+\frac{1}{3!}+\frac{1}{4!}+\frac{1}{5!}\cdots$$

因此，数字 $e$ 看起来应该有一定的模式。从数学性质来说，$e$ 比 $\pi$ 看上去更加"对称"。

如果你想知道一种记住 $e$ 的前几位数字的方法，尝试一下这个："We attempt a mnemonic to remember a strategy to memorize this count...",每个单词中的字母个数依次代表 $e$ 中小数点前后的数字。如果你熟悉美国的历史，应该将 $e$ 记为"2.7 Andrew Jackson Andrew Jackson",因为安德鲁·杰克逊（外号"老山胡桃"）是在 1828 年当选为美国第七任总统的。还有很多帮助记忆 $e$ 的方法，它们的趣味在于它们所涉及的离奇事物，而并非在数学上有过人之处。

欧拉在 1737 年证明了 $e$ 是无理数（而不是分数）。1840 年，法国数学家刘维尔证明了 $e$ 不是任何二次方程的解，而在 1873 年，他的同胞埃尔米特进一步证明了 $e$ 是超越的（不是**任何**代数方程的解）。这里重要的是埃尔米特所使用的方法。9 年之后，林德曼沿用埃尔米特的方法证明了 $\pi$ 是超越的，而这个问题无疑更引人注目。

旧的问题刚刚解决，新的问题又接踵而来。$e$ 的 $e$ 次幂也是超越的吗？这个表述显得如此怪诞，但还能有什么更好的表述呢？它至今仍未被严谨地证明，按照数学的严格标准，它仍应算作猜想。数学家的证明已经很接近了，证明出了它和 $e$ 的 $e^2$ 次幂不可能同时都是超越的。接近了，但还不够接近！

$\pi$ 和 $e$ 之间的关系非常令人着迷！$e^\pi$ 和 $\pi^e$ 的值非常接近，但我们很容易证明 $e^\pi>\pi^e$（无需精确计算它们的数值）。如果使用计算器算一下，你会发现它们的近似值为 $e^\pi\approx23.140\,69$，$\pi^e\approx22.459\,16$。

数字 $e^\pi$ 正是我们所知的盖尔范德常数（名字源于俄国数学家盖尔范德），并且已被证明了是超越的。但我们对于 $\pi^e$ 却知之甚少，还没有人证明

它是无理数（如果它确实是的话）。

**e 很重要吗？** e 主要出现在涉及增长的地方，比如说经济增长和人口增长。与其相关的还有用基于 e 的曲线来描述放射性衰变。

数字 e 也出现在与增长无关的地方。蒙特莫特（Pierre Montmort）在 18 世纪研究了一个概率问题，这个问题随后又得到了深入研究。简单地说，一群人去吃午饭，吃完后在离开时随机拿起一顶帽子。那么没有人拿到自己帽子的概率为多大？

可以证明这个概率是 $\frac{1}{e}$（大约 37%），所以至少有一个人拿到了他自己帽子的概率为 $1-\frac{1}{e}$（63%）。这只是它在概率论中诸多应用中的一个。用于描述小概率事件的泊松分布是另一个例子。这些都是较早的应用，但显然不只这些：詹姆士·斯特林利用 π 和 e 得到了一个对阶乘 n! 的著名近似；在统计学中，正态分布的"钟形曲线"涉及 e；在工程学中，悬索桥缆索的曲线基于 e。这个清单无穷无尽。

**一个惊人的恒等式** 数学中最惊人的等式也涉及 e。当我们回想数学中的著名数字时，我们往往会想到 0、1、π、e 以及虚数 $i=\sqrt{-1}$。但下面的式子真的成立吗？

$$e^{i\pi} + 1 = 0$$

是的，而这个发现要归功于欧拉。

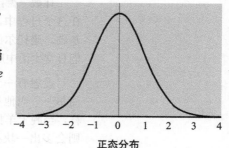

正态分布

也许，e 的重要性就在于，它的神秘吸引和魅惑了一代又一代的数学家。总而言之，e 是无可替代的。不知为何作家 E.V. 怀特（按想他应该有个笔名）要花费那么多力气写作一部不含字母 e 的小说，他的《加兹比》（*Gadsby*）确实就是一部这样的小说。但很难想象一个数学家想要或是有能力写这样一本没有 e 的数学教科书。

# 最自然的数字

# 07 无穷大

**无穷大是多大？简单地说，∞（表示无穷大的符号）非常大。想象一条由数字排成的直线，随着数字不断增大，直线一直延伸下去，直至"无穷"。对于每个我们说出口的大数，比如 $10^{1000}$，总会有比它更大的数，例如 $10^{1000}+1$。**

以上是一个关于无穷大的传统观念，即数字会永远地增长下去。数学也在另一个方向上使用无穷的概念，即无穷小。但小心不要把它当作普通数字来对待。它可不是。

**计数**　德国数学家康托尔给了我们一个关于无穷大的截然不同的概念。在这个过程中，他凭一己之力奠定了一个理论，后者成为很多现代数学的基础。康托尔的理论建立在一种关于计数的原始思想之上，这种思想比我们日常生活中所使用的都简单。

设想有一个对数数一窍不通的农民。他怎样知道自己有多少头羊？很简单——当他早晨将羊放出去的时候，他可以用一块石头代表每只羊。这样，当晚上羊群回来的时候，他可以将羊和石块相匹配，如果少了一头羊，则会多出一块石头。即使没有使用数字，农民也数得很精确。他实际上使用了羊和石头之间一一对应的思想。这种简单原始的思想产生了一些令人惊讶的结果。

康托尔的理论涉及集合（简单地说，集合是一些元素的全体）。例如，$N=\{1, 2, 3, 4, 5, 6, 7, 8, \cdots\}$ 代表所有（正）整数的集合。一旦我们有了一个集合，我们可以进而谈论子集，即在较大集合中的更小的集合。对于我们刚才提到的 $N$，其最明显的子集是 $O=\{1, 3, 5, 7,\cdots\}$ 以及 $E=\{2, 4, 6, 8,\cdots\}$，

## 大事年表

| 公元 350 年 | 1639 年 |
| --- | --- |
| 亚里士多德拒绝承认存在无穷大 | 德扎格在几何学中引入了无穷远的概念 |

它们分别代表奇数集和偶数集。如果我们问："奇数集和偶数集中的元素个数相同吗？"应该如何回答这个问题？尽管我们不能分别数出这两个集合中的元素个数，然后再作比较，但答案仍然是肯定的。这个答案的依据是什么呢？或许你可以说"所有数字中一半是奇数，一半是偶数"。康托尔会同意这个答案，但他也会给出一个不同的理由。他会说，每当我们列举出一个奇数，挨着它的下一个数必然是偶数。$O$ 和 $E$ 中具有相同元素个数的结论是基于将每个奇数和偶数配对得出的：

$O$:  1  3  5  7  9  11  13  15  17  19  21

$E$:  2  4  6  8  10  12  14  16  18  20  22

如果我们继续问："所有整数的个数和所有偶数的个数相同吗？"有人可能会回答"不相同"，理由是整数集 $N$ 中的元素个数是偶数集 $E$ 中的元素个数的两倍。

然而，当我们处理有无穷多个元素的集合时，"谁比谁多"的问题并不容易想清楚。这时，我们可以使用一一对应的思想更好地处理它们。令人惊讶的是，在整数集 $N$ 和偶数集 $E$ 之间也存在着一一对应的关系

$N$:  1  2  3  4  5  6  7  8  9  10  11

$E$:  2  4  6  8  10  12  14  16  18  20  22

于是我们得到了一个令人震惊的结论：所有整数的个数和所有偶数的个数是相同的！这无疑与古希腊人所持的"公理"（欧几里得在《几何原本》的开头就提出，"整体大于部分"）相悖。

**基数** 集合中元素的个数称为它的"基数"。集合 $\{a, b, c, d, e\}$ 的基数是 5，记为 card$\{a, b, c, d, e\} = 5$。因此，基数是用来衡量集合的"大小"的。对于所有整数的集合 $N$，以及任何可以和它建立一一对应关系的集合，康托尔

使用符号 $\aleph_0$ 表示它们的基数（$\aleph$ 或 "阿列夫"源于希伯来字母表，$\aleph_0$ 读作 "阿列夫零"）。所以在数学语言中，我们可以写作 card($N$)=card($O$)=card($E$)= $\aleph_0$。

任何可以和 $N$ 建立一一对应关系的集合称为"可数无穷"集合。一个集合是可数无穷的，意味着我们可以将它的元素做成一个列表。例如，奇数集的元素列表为 1，3，5，7，9，…并且我们知道第一个元素是什么，第二个元素是什么，以此类推。

**分数是可数无穷的吗？** 分数构成的集合 $Q$ 要比集合 $N$ 大，因为 $N$ 可以被认为是 $Q$ 的一个子集。我们能否将 $Q$ 中的所有元素列为一个列表？我们能否设计一个列表，使得每个分数（包括负数）的位置可以被预测？想要让这么大的一个集合和整数集 $N$ 之间建立一对一的关系看上去似乎不可能。但其实是可以做到的。

我们先以二维的方式来思考这个问题。首先，我们在第一行以正负交错的形式写下所有整数。然后，我们在下一行写下所有分母为 2 的分数，是我们省去了那些已经在第一行中出现过的数字（例如 $\frac{6}{2}$ =3）。在接下来一行里，我们写下所有以 3 为分母的分数，同样地，要省去已经写下的数字。我们以这种方式一直写下去，当然永远也不会有尽头，但这样我们可以精确地知道每个分数会出现在这个图表的什么位置。例如，$\frac{209}{67}$ 出现在第 67 行，$\frac{1}{67}$ 右边第 200 个位置左右。

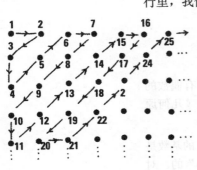

通过以这种方式陈列所有的分数，我们就有可能构建一个一维的列表。如果我们从第一行开始往右数，我们永远到达不了第二行。不过，通过选择一个曲折的锯齿形路线，我们就可以达到目标。从 1 开始，如此构造线性数列：1，-1，$\frac{1}{2}$，$\frac{1}{3}$，$-\frac{1}{2}$，2，-2，…按照箭头方向一直进行下去。每个分数，不管是正数还是负数，总会在这个线性列表中出现。反过来说，列表中的位置一一对应着二维列表中的分数。因此，我们可以得到结论：分数集 $Q$ 是可数无穷的，记作 card($Q$)= $\aleph_0$。

**将实数集列表** 尽管分数集占据了实数集的很多元素，但还有一些实数，例如 $\sqrt{2}$、$e$ 以及 $\pi$ 并不是分数。它们都是无理数，它们"填补了空白"，从而给了我们完整的实数集 $R$。

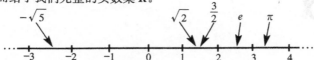

在填补了这些空白后，集合 $R$ 也被称为"连续统"。那么，我们如何将所有实数列成一个列表呢？但康托尔证明了连试图将 0 到 1 之间的实数列为一个列表都注定是不可能的。这无疑沉重地打击了那些沉溺于构造列表的人们，他们肯定想要知道一个数字的集合怎么就不能一个接一个地写下来。

假设你也不相信康托尔的结论。你知道，0 到 1 之间的每个实数都可以表示成小数形式，例如，$1/2 = 0.500\ 000\ 000\ 000\ 000\ 000\ 00\cdots$，$\frac{1}{\pi}$ $= 0.318\ 309\ 886\ 183\ 790\ 671\ 53\cdots$ 等。于是你告诉康托尔，"这便是我将 0 到 1 之间所有实数列成的列表"，我们不妨称之为 $r_1$，$r_2$，$r_3$，$r_4$，$r_5$，$\cdots$。如果你构造不出这样一个列表，那么康托尔就是对的。

想象一下，康托尔看了一下你的列表，然后他将对角斜线上的数字标记为粗体

$r_1$: $0.\boldsymbol{a_1}a_2a_3a_4a_5\cdots$

$r_2$: $0.b_1\boldsymbol{b_2}b_3b_4b_5\cdots$

$r_3$: $0.c_1c_2\boldsymbol{c_3}c_4c_5\cdots$

$r_4$: $0.d_1d_2d_3\boldsymbol{d_4}d_5\cdots$

接着，康托尔会说："好吧，但数字 $x = 0.x_1x_2x_3x_4x_5\cdots$ 在哪儿呢？其中，$x_1$ 不等于 $a_1$，$x_2$ 不等于 $b_2$，$x_3$ 不等于 $c_3$，沿对角线方向依次类推。"他说的这个 $x$ 和你列表中的所有数字都有一位不相同，所以它必然不在这个列表中。康托尔是正确的。

事实上，实数集 $R$ 不可能构造出任何的列表。因此，它是一个"更大"的无穷集，有着比分数集 $Q$ 的无穷大"更高阶的无穷大"。真是大无止境。

# 一大堆无穷大

# 08 虚数

**我们当然可以凭空想象数字。有时我会想象我的银行户头里有100万存款，毫无疑问，这是一个"想象的数字"。然而，数学中所说的"想象的数字"（虚数）与这种白日做梦毫无关系。**

一般认为，"想象的数字"（imaginary number）这个说法最早由哲学家和数学家笛卡儿提出，用来指代某些方程得到的非普通数的解。那么，虚数究竟是否真的存在呢？这是一个哲学家们一直思索的问题，他们关注的是"想象的"一词。但对于数学家来说，虚数的存在并没有什么可疑问的。它们已经成为日常生活中的一部分，就像 5 和 π 一样。当你去商店买东西时，你可能用不着虚数，但是去问一下那些飞行器设计师或电子工程师，你就会知道它们有多么重要了。将一个实数和一个虚数相加，我们可以得到一个"复数"，这个词听上去就没有那么多哲学上的麻烦了。复数理论开始于 -1 的平方根。那么，什么数平方后可以得到 -1 呢？

如果将任何非 0 的数与它自身相乘（即将其平方），结果总是一个正数。这点对于正数的平方来说毫无疑问是正确的，但对于负数的平方也适用吗？我们可以举 -1×(-1) 为例。即使我们已经忘记了学校学到的"负负相乘得正"的运算法则，我们也应该仍记得答案不是 -1 就是 +1。如果我们假设 -1×(-1) = -1，我们可以将两边同除以 -1，从而得到结论：-1=1，这个结果显然毫无意义。于是我们必须得出结论 -1×(-1)=1。该推论同样适用于除 -1 之外的其他任何负数。因此，当平方一个实数时，结果**永远不可能**是负的。

## 大事年表

**公元 1572 年**
拉斐罗·邦别利在计算中使用了虚数

**1777 年**
欧拉第一次使用符号 *i* 来表示 -1 的平方根

这成为 16 世纪时早期复数研究的症结所在。而当这个问题被克服以后，数学便从普通数字的束缚中解放了出来，开辟了许多以前做梦都不敢想象的新领域。复数的提出是对实数的扩展，从而形成了一个更完备的体系。

**−1 的平方根** 我们已经看到，如果仅限于实数轴

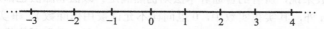

我们将永远找不到 −1 的平方根，因为任何数的平方都是非负的。如果继续仅仅考虑实数轴上的数字，我们不如就此放弃，继续称之为"想象的数字"，然后和哲学家们喝茶去，不再跟它们打交道。或者，我们也可以大胆地接受 $\sqrt{-1}$ 作为一个新的实体，表示为 $i$。

通过这一简单的思路改换，虚数便存在了。它们是什么我们并不知道，但我们相信它们存在，至少我们知道 $i^2 = -1$。因此，在我们新的数字体系里，我们拥有那些以前的老朋友们，如实数 1、2、3、4、$\pi$、$e$、$\sqrt{2}$ 和 $\sqrt{3}$，以及一些新的涉及 $i$ 的数，如 $1+2i$, $-3+i$, $2+3i$, $1+\sqrt{2}\,i$, $\sqrt{3}+2i$, $e+\pi i$ 等。

这是数学史上非常重要的一步，发生在 19 世纪初前后。从此以后，我们逃离了一维数轴的限制，进入了一个新的陌生的二维数平面。

**加法和乘法** 既然我们的头脑里已经有了复数（$a+bi$, $a \in R$, $b \in R$）的概念，我们又能对它们做些什么呢？正如实数一样，它们也可以被相加和相乘。对于加法，我们可以将它们的各部分分别相加。因此，$2+3i$ 和 $8+4i$ 相加得到（2+8）+（3+4）$i$，即 $10+7i$。

乘法也同样直截了当。如果我们想要计算 $2+3i$ 乘以 $8+4i$，我们首先将各部分两两相乘

---

### 工程中的 $\sqrt{-1}$

即使像工程师这样偏重实际应用的人们，也发现了复数的巨大用处。当迈克尔·法拉第在 19 世纪 30 年代发现了交流电时，虚数得到了在物理学中的应用。在这里，字母 $j$ 代替了 $i$ 表示 $\sqrt{-1}$，因为 $i$ 已被用来表示电流。

---

| **1806 年** | **1811 年** | **1837 年** |
|---|---|---|
| 阿干特对复数的图表表示法被称为阿干特图 | 高斯对复数变量的函数进行了研究 | 哈密顿将复数看作有序数对 |

$$(2+3i)\times(8+4i)=(2\times8)+(2\times4i)+(3i\times8)+(3i\times4i)$$

然后将计算出的各部分结果，16、$8i$、$24i$ 以及 $12i^2$ 加起来（在最后一项里，我们将用 $-1$ 代替 $i^2$）。乘法的最终结果为（16-12）+（$8i+24i$），即 $4+32i$。

对于复数来说，所有的普通算术法则仍然满足。减法和除法也都适用（除复数 $0+0i$ 外，其实在实数中，0 也同样不允许被用作除数）。事实上，除有一点外，所有的实数性质都适用于复数。这一点是，我们不能像实数那样把数分为正数和负数。

**阿干特图** 我们可以将二维复数表示在一张图上，从而清楚地看到它们。复数 $-3+i$ 和 $1+2i$ 可以画在一个称为阿干特图的图上。这种用图表示复数的方法是根据瑞士数学家琼·罗伯特·阿干特而命名的，尽管当时还有一些其他类似的表示法。

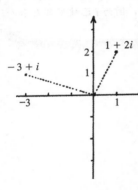

每个复数都有一个"配偶"，正式名称是它的"共轭"。$1+2i$ 的共轭是 $1-2i$，这可以通过直接将其虚部的符号反过来得到。而 $1-2i$ 的共轭是 $1+2i$，可见它们确实是一对一的"配偶"关系。

将一对共轭复数相加或相乘得到的结果永远是一个实数。在上面的例子里，$1+2i$ 和 $1-2i$ 相加得 2，相乘得 5。其中乘法尤为有趣，因为答案 5 是复数 $1+2i$ 的"长度"的平方，而这个长度和它的共轭的长度相同。反过来，我们可以将复数的长度定义为

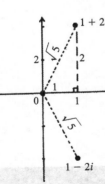

$$w\text{的长度}=\sqrt{w\times w\text{的共轭}}$$

用 $-3+i$ 检验一下，我们得到 $-3+i$ 的长度为 $\sqrt{(-3+i)\times(-3-i)}=\sqrt{9+1}$，因此 $-3+i$ 的长度为 $\sqrt{10}$。

使复数理论摆脱神秘主义色彩的功劳主要要归功于威廉·卢云·哈密顿，19 世纪爱尔兰最杰出的数学家。他发现这个理论实际上并不需要 $i$。$i$ 的作用仅仅是一个占位符，完全可以抛弃。哈密顿考虑将复数看作一个实数的"有序数对"$(a, b)$，它们具有二维的属性，从而不再需要神秘的 $\sqrt{-1}$ 或 $i$。

这时加法变成了

$$(2, 3) + (8, 4) = (2+8, 3+4) = (10, 7)$$

而乘法，或许没那么明显，则变成了

$$(2, 3) \times (8, 4) = (2 \times 8 - 3 \times 4, 3 \times 8 + 2 \times 4) = (4, 32)$$

当我们考虑所谓的"$n$ 次单位根"时（对于数学家来说，"单位"意味着 1），复数体系的完备性就显得更加清晰了。它们是方程 $z^n = 1$ 的根。让我们举 $z^6 = 1$ 为例。在实数轴上有两个根 $z = 1$ 和 $z = -1$（因为 $1^6 = 1$，$(-1)^6 = 1$），但方程显然总共有六个根，其他的根在哪里呢？就像这两个实数根一样，所有的六个根都具有单位长度，并且分布在以原点为中心、半径为单位长度的圆上。

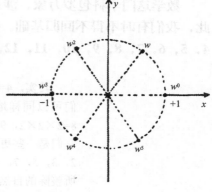

此外，如果看一下落在第一象限里的根 $w = \dfrac{1}{2} + \dfrac{\sqrt{3}}{2} i$，你会发现接下来的根（按照逆时针方向）分别是 $w^2, w^3, w^4, w^5, w^6 = 1$，它们分别坐落在正六边形的顶点上。一般地，$n$ 次单位根都会落在单位圆上，并且分别是正 $n$ 边形的 $n$ 个顶点。

**复数的扩展** 一旦数学家们拥有了复数，他们便本能地想要将其推广。复数是二维的，但 2 不应该有什么特殊之处啊。哈密顿花了很多年时间试图寻找构建三维数对并对其做加法和乘法的方法，但他只有在转到四维数对后，才取得了成功。不久之后，这些四维数对又扩展到了八维数对（称为凯莱数）。很多人想要知道这个故事是否能继续延伸到十六维数对——但直到哈密顿的壮举 50 年后，它最终被证明是不可能的。

# 不真实的数字，真实的用途

# 09 质数

　　数学这门学科包罗万象，涉及人类活动的各个领域，时常让人感到无所适从。因此，我们有时不得不回归基础。而这无疑意味着要回到那些计数的数字，1，2，3，4，5，6，7，8，9，10，11，12，…我们能找到比它们更基础的东西吗？

　　其实，4=2×2，所以我们可以将它拆分为两个基本成分。那么，我们可以同样地拆分其他数字吗？事实上，这里有更多的例子：6=2×3，8=2×2×2，9=3×3，10=2×5，12=2×2×3。这些数字被称为合数，因为它们是一些更基础的数字 2，3，5，7，…的乘积。而那些不可拆分的数字 2，3，5，7，11，13，…被称为质数，或素数。质数是只可被 1 和它自身所整除的自然数。你或许想知道 1 本身是不是质数。根据上边的定义，它应该是的。事实上，过去许多杰出的数学家都把 1 作为质数对待，但现代的数学家是把 2 作为质数的开始，这使得定理可以表述得更优雅。在这里，我们也同样把 2 作为第一个质数。

　　对于头几个自然数，我们可以将那些质数用下划线标记出来：1，<u>2</u>，<u>3</u>，4，<u>5</u>，6，<u>7</u>，8，9，10，<u>11</u>，12，<u>13</u>，14，15，16，<u>17</u>，18，<u>19</u>，20，21，22，<u>23</u>，…对于质数的研究将我们带回到基础中的基础。质数非常重要，因为它们是数学的"原子"。就像所有的化合物都是由基本的化学元素组成的，在数学里，这些基本的质数可以通过彼此相乘构建出合数。

　　由此得到的一个数学结论进一步巩固了其重要性，它有着一个响亮的名字，"整数的唯一分解定理"。这个定理是说，所有大于 1 的整数都只能被唯一地分解成质数的乘积。我们可以看到，12 可以被分解为 2×2×3，而且没有其他的分解方式。这种分解经常被写为指数形式：

**大事年表**

| 公元前 300 年 | 公元前 230 年 |
| --- | --- |
| 欧几里得在《几何原本》中给出了有无穷多个质数的证明 | 埃拉托斯特尼描述了一种从所有整数中筛出质数的方法 |

12=$2^2$×3。再举一个例子，6 545 448 可以被分解为 $2^3$×$3^5$×7×13×37。

| 0 | 1 | 2 | 3 | 4 | 5 | 6 | 7 | 8 | 9 |
|---|---|---|---|---|---|---|---|---|---|
| 10 | 11 | 12 | 13 | 14 | 15 | 16 | 17 | 18 | 19 |
| 20 | 21 | 22 | 23 | 24 | 25 | 26 | 27 | 28 | 29 |
| 30 | 31 | 32 | 33 | 34 | 35 | 36 | 37 | 38 | 39 |
| 40 | 41 | 42 | 43 | 44 | 45 | 46 | 47 | 48 | 49 |
| 50 | 51 | 52 | 53 | 54 | 55 | 56 | 57 | 58 | 59 |
| 60 | 61 | 62 | 63 | 64 | 65 | 66 | 67 | 68 | 69 |
| 70 | 71 | 72 | 73 | 74 | 75 | 76 | 77 | 78 | 79 |
| 80 | 81 | 82 | 83 | 84 | 85 | 86 | 87 | 88 | 89 |
| 90 | 91 | 92 | 93 | 94 | 95 | 96 | 97 | 98 | 99 |

**寻找质数**　遗憾的是，并没有什么可依循的公式来判定一个数是否为质数，而且在整数数列中，质数的出现似乎也并无规律可循。一种寻找质数的早期方法是由与阿基米德同时代的埃拉托斯特尼（Erastosthenes）提出的。他对于赤道长度的精确计算在当时受到了推崇。而如今他被世人所知则是由于他寻找质数的筛法。埃拉托斯特尼想象将自然数铺展在他面前。他首先在 2 下面划线，然后将所有 2 的倍数剔除出去。接着，他在 3 下面划线，并把所有 3 的倍数剔除出去。以这种方式继续下去，他筛掉了所有的合数，剩下有划线的数字便是质数。

这样我们就可以预测质数，但我们如何判定一个数是否是质数呢？例如 19 071 或 19 073 ？除了质数 2 和 5 之外，其他所有质数都应该以 1、3、7 或 9 为尾数，但这个条件并不足以判定这个数是质数。如果不去尝试所有可能的因数分解，就很难判定一个很大的以 1、3、7 或 9 为尾数的数是否是质数。顺便说一下，19 071=$3^2$×13×163，不是质数，而 19 073 是一个质数。

另一个挑战是探索质数的分布是否具有一定的模式或规律。让我们看看 1 到 1000 之间每一个以 100 为单位的区间中各有多少个质数。

| 区间 | 1–100 | 101–200 | 201–300 | 301–400 | 401–500 | 501–600 | 601–700 | 701–800 | 801–900 | 901–1000 | 1–1000 |
|---|---|---|---|---|---|---|---|---|---|---|---|
| 质数个数 | 25 | 21 | 16 | 16 | 17 | 14 | 16 | 14 | 15 | 14 | 168 |

1792 年，年仅 15 岁的卡尔·弗雷德里希·高斯提出了一个公式 $P(n)$，用于估计小于一个给定数 $n$ 的质数的个数（这个公式如今被称为质数定理）。对于 $n$=1000，由公式算出的估计值为 172，而实际的质数个数为 168，

| 1742 年 | 1896 年 | 1966 年 |
|---|---|---|
| 哥德巴赫猜测所有大于 2 的偶数都可表述为两个质数的和 | 关于质数分布的质数定理被证明 | 陈景润的定理是对哥德巴赫猜想最接近的证明 |

要比估计值小一些。人们曾经一直认为，对于所有的 $n$，实际值都会比估计值小。然而，质数时常会给人惊喜，我们已经知道，对于 $n=10^{371}$（一个非常大的数，需要在 1 后边写 371 个 0），质数个数的实际值大于估计值。事实上，在自然数的一些区间里，实际值和估计值之间的差别在大于和小于之间来回振荡。

**质数有多少？** 质数的个数是无穷多的。欧几里得在他的《几何原本》（第 9 卷，命题 20）中就提出："素数的个数要超过任何一个我们可以指定的数。"欧几里得的巧妙证明如下：

假设 $P$ 是最大的质数，我们考虑数 $N=(2×3×5×\cdots×P)+1$。那么 $N$ 究竟是不是质数。如果 $N$ 是质数，那么我们便构建了一个大于 $P$ 的质数，这与我们先前的假设相矛盾。如果 $N$ 不是质数，那么它必然可以被某些质数整除，不妨记为 $p$。$p$ 不可能是 2，3，5，$\cdots$，$P$ 中的一个。否则的话，这意味着 $p$ 可以整除 $N-(2×3×5×\cdots×P)$。但这个数等于 1，也就是说，$p$ 可以整除 1。这是不可能的，因为所有的质数都大于 1。所以不论 $N$ 是否为质数，我们都得到了一个新的质数。因此，我们最初的存在一个最大质数 $P$ 的假设是不成立的。结论：质数的个数是无穷多的。

尽管质数多至"无穷"，但这个事实并没有阻挡人们继续努力寻找已知最大的质数。最近的记录保持者是庞大的梅森质数 $2^{24\,036\,583}-1$，近似于 $7.236×10^{12}$（或者七万亿）。[1]

**未解之谜** 两个关于质数的非常著名的未解之谜是"双生质数问题"以及著名的"哥德巴赫猜想"。

双生质数是指一对仅仅由一个偶数隔开的相邻质数。1 到 100 之间的双生质数依次是 3，5；5，7；11，13；17，19；29，31；41，43；59，61；71，73。我们已经知道小于 $10^{10}$ 的双生质数总共有 27 412 679 对。这意味着双生质数之间的偶数，例如 12（在双生质数 11 和 13 之间），仅仅占这个范围内所有数的 0.274%。那么，双生质数有无穷多对吗？如果不是的话，将是很有趣的一件事，但迄今为止还没有人能对此作出证明。

哥德巴赫猜想则是：

任何一个比 2 大的偶数都可以表示为两个质数的和。

---

① 2013 年 1 月最新发现的第 48 个梅森质数 $2^{57\,885\,161}-1$，共有 17 425 170 位。

——编者注

例如，42 是一个偶数，它可以表示为 5+37。事实上，除此之外，我们还可以将其表示为 11+31，13+29 或者 19+23。不过，我们仅需要一种表示方式就够。这个猜想对于很大范围内的数都是适用的，不过还没有人能给出证明。尽管如此，我们还是取得了一些进展，一些人甚至感觉它的证明已经指日可待。中国数学家陈景润迈出了非常重要的一步。他证明了每个足够大的偶数都可以表示为两个质数的和，或者一个质数和一个半质数（两个质数的乘积）的和。

伟大的数论家费马证明了形如 $4k+1$ 的质数可以唯一地表示为两个数的平方和（例如，$17=1^2+4^2$），而那些形如 $4k+3$ 的质数（例如 19）不能表示为两个数的平方和。拉格朗日也证明了一个关于平方的著名数学定理：任何一个正整数都是四个数的平方和。例如，$19=1^2+1^2+1^2+4^2$。更高阶的指数也已经被探索过，但仍有很多问题有待解决。

## 数字命理学家之数

数论中最具挑战性的领域之一涉及所谓"华林问题"。1770 年，剑桥大学教授爱德华·华林提出了将整数分解为幂之和的问题。正是在这里，以质数、平方和以及立方和的形式，数字命理学的魔法与数学的科学有了交集。数字命理学对 666 尤为着迷，这个在《启示录》中被称为"兽名数目"的数字有着一些让人吃惊的性质。它是前七个质数的平方和：

$$666=2^2+3^2+5^2+7^2+11^2+13^2+17^2$$

数字命理学家还会敏锐地指出，它是回文立方数的和，而如果这还不够的话，分解式中间最重要的一项是 $6^3$，即 6×6×6 的简写：

$$666=1^3+2^3+3^3+4^3+5^3+6^3+5^3+4^3+3^3+2^3+1^3$$

毫无疑问，数字 666 确实是"数字命理学之数"。

我们将质数描述为"数学的原子"。但你可能会说："显然，物理学家找到了比原子更加基础的粒子，例如夸克。数学已经停滞不前了吗？"如果我们将自己限定在自然数范围里，5 作为质数，是最基础的，并且永远都是。然而，高斯作出了一个意义深远的发现：对于某些质数，例如 5，$5=(1-2i)\times(1+2i)$，其中 $i=\sqrt{-1}$。由于可以分解为两个高斯整数的乘积，5 和其他类似的数字便不再像以前一直认为的那样是不可拆分的了。

# 数学的原子

# 10 完全数

在数学中，追求完美的野心在很多地方都有所体现。我们知道有完全平方数（可以写成某个整数的平方的数，比如 $25 = 5^2$），但"完全/完美"一词在这里并不是在审美意义上使用的，它更多的是提醒你，还存在不完全平方数。在另一方面，一些数有着很少的因子，而另一些数有非常多的因子。不过，就像三只熊的故事所讲的一样，有些数是"恰到好处"的。当一个数的因子之和等于这个数本身时，它便被称为完全数（perfect number）。

古希腊哲学家斯伯西波斯（柏拉图的外甥，在柏拉图死后继承了他的学园）曾宣称，毕达哥拉斯学派相信数字 10 可称得上完美，因为 1 到 10 之间的质数（分别是 2、3、5、7）的个数等于非质数（4、6、8、9）的个数，而且它是具有该性质的最小的数。有些人对完美还真是有着奇怪的理解。

毕达哥拉斯学派对于完全数似乎事实上有着更丰富的理解。欧几里得在《几何原本》中讨论了完全数的数学性质，而 400 年后，尼科马修斯对其进行了更加深入的研究，由此引出了亲和数乃至亲和数链的概念。这些范畴都是根据数与其因子之间的关系定义的。他们形成了盈数和亏数的理论，从而得出了他们对于完美的理解。

一个数是否为盈数取决于它的因子之和是否大于它本身。举数字 30 为例，我们看一下它的因子，也就是能将其整除并且比 30 小的数。对于 30 这样小的数字，我们知道它的因子有 1、2、3、5、6、10 以及 15，将这些因子加起来我们得到 42。因此，30 是个盈数，因为它的因子之和（42）大

**大事年表**

| 公元前 525 年 | 公元前 300 年 | 公元 100 年 |
| --- | --- | --- |
| 毕达哥拉斯学派的研究涉及了完全数和盈数 | 欧几里得在《几何原本》第 9 卷中讨论了完全数 | 尼科马修斯基于完全数将数进行了分类 |

| | 1 | 2 | 3 | 4 | 5 | 6 | 7 | |
|---|---|---|---|---|---|---|---|---|
| 完全数 | 6 | 28 | 496 | 8128 | 33 550 336 | 8 589 869 056 | 137 438 691 328 | 头几个完全数 |

于它本身。

一个数为亏数则正好与此相反——它的因子之和小于它本身。因此,数字 26 是亏数,因为它的因子 1、2、13 加起来为 16,小于 26。质数都是亏数,因为它们的因子之和永远都是 1。

一个既不是盈数也不是亏数的数便是完全数。完全数的因子之和正好等于它本身。第一个完全数是 6。它的因子是 1、2、3,加起来正好得 6。毕达哥拉斯学派对于数字 6 以及它与因子之间的融洽关系是如此情有独钟,他们将其称为"婚姻"、"健康"以及"美"。这里还有另一个关于 6 的故事,是由圣奥古斯丁(354—430)讲述的。他相信 6 的完美性先于这个世界而存在,而这个世界之所以是在 6 天内被创造的,正是因为 6 是完美的。

下一个完全数是 28。它的各个因子分别为 1、2、4、7 以及 14,加起来得 28。这前两个完全数,6 和 28,在完全数中显得至关重要,因为可以证明所有的偶数完全数都以 6 或 28 结尾。在 28 之后,下一个完全数要等到 496。可以很容易地检验这个数等于它的各个因子之和:496=1+2+4+8+16+31+62+124+248。对于下一个完全数,其值已经大得超乎我们的想象。我们在 16 世纪就已经知道了前五个完全数,但到现在仍不知道是否有一个最大的完全数,或者说,是否会有无穷多个完全数。通常的观点是,就像质数一样,完全数也有无穷多个。

毕达哥拉斯学派对于数与几何之间的联系有着敏锐的洞察力。如果我们拥有以完全数为个数的珠子,我们便可以将它们排列到一个六边形的项链上。完全数 6 对应着简单的六边形,只要把 6 个珠子分别放在它的 6 个顶点上即可。但对于更大的完全数,我们需要

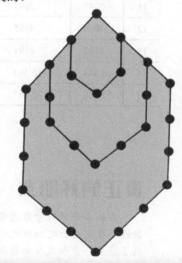

**1603 年**

皮特罗·卡塔尔迪找到了第 6 个完全数
$2^{16}(2^{17}-1)$= 8 589 869 056 以及第 7 个完全数
$2^{18}(2^{19}-1)$=137 438 691 328

**2006 年**

互联网梅森质数大搜索(GIMPS)找到了第 44 个梅森数(将近有 1 千万位),从而可以构建出一个新的完全数

| 指数 | 结果 | 减 1（梅森数） | 是否是质数 |
|------|------|---------------|-----------|
| 2 | 4 | 3 | 是 |
| 3 | 8 | 7 | 是 |
| 4 | 16 | 15 | 否 |
| 5 | 32 | 31 | 是 |
| 6 | 64 | 63 | 否 |
| 7 | 128 | 127 | 是 |
| 8 | 256 | 255 | 否 |
| 9 | 512 | 511 | 否 |
| 10 | 1024 | 1023 | 否 |
| 11 | 2048 | 2047 | 否 |
| 12 | 4096 | 4095 | 否 |
| 13 | 8192 | 8191 | 是 |
| 14 | 16 384 | 16 383 | 否 |
| 15 | 32 768 | 32 767 | 否 |

在大六边形内添加小六边形。

**梅森数** 构建完全数的关键在于一些所谓梅森数。马兰·梅森曾与笛卡儿在同一个耶稣派学院就读，结下了深厚的友谊，两个人都对完全数有着浓厚的兴趣。梅森数是由那些 2 的幂（也就是依次相差 2 倍的数 2，4，8，16，32，64，128，256，…）减 1 得到的数。也就是说，梅森数具有 $2^n-1$ 的形式。尽管它们都是奇数，却不一定都是质数。然而，正是那些既是梅森数又是质数的数可以用来构建完全数。

梅森知道，如果指数不是质数，那么所对应的梅森数也不可能是质数，这可以从左表中的 4、6、8、9、10、12、14 和 15 看出。仅仅当指数为质数时，梅森数才有可能是质数，但有这个条件就够了吗？对于前几个指数为质数的例子，我们确实得到了 3、7、31、127，它们都是质数。那么难道真的如果指数为质数，对应的梅森数就一定也是质数吗？

很多古代的数学家（直到 1500 年左右）都认为事实就是这样的。但质数可没这么简单。人们发现，对于指数 11（它是一个质数），$2^{11}-1=2047=23\times89$，

## 真正的好朋友

头脑冷静的数学家通常并不会为数字的神秘性所倾倒，但数字命理学也并没有因此而销声匿迹。在完全数之后出现的是亲和数的概念，尽管毕达哥拉斯学派可能早已有了这一概念。而到了后来，亲和数在编纂那些浪漫的占星术时变得非常有用，这时它们的数学性质可以解读为某种冥冥中的关联。220 和 284 是一对亲和数。为什么这么说呢？220 的因子是 1、2、4、5、10、11、20、22、44、55 以及 110，如果将它们加起来，你会得到 284。你已经猜到了吧。如果将 284 的各个因子加起来，你将得到 220。这是一种真正的友谊。

所以这个梅森数并不是一个质数。似乎并不存在什么规律。梅森数 $2^{17}-1$ 和 $2^{19}-1$ 都是质数，但 $2^{23}-1$ 不是质数，因为

$$2^{23}-1=8\,388\,607=47\times178\,481$$

**构建完全数**　结合欧几里得和欧拉的工作就可以得到一个构建偶数完全数的公式：$n$ 是偶数完全数，当且仅当 $n=2^{p-1}(2^p-1)$，并且 $2^p-1$ 是梅森质数。

例如，$6=2^1(2^2-1)$, $28=2^2(2^3-1)$, $496=2^4(2^5-1)$。这个公式意味，只要我们能找到新的梅森质数，我们就能构建出新的偶数完全数。对完全数的寻找向人和机器都提出了挑战，并且还会以种种先驱们所未曾预料到的方式进行下去。20 世纪初期，彼得·巴洛曾认为没有人能超越欧拉计算出的完全数：$2^{30}(2^{31}-1)=$
2 305 843 008 139 952 128，因为一直以来都没有什么进展。然而，他没有预料到现代计算机的强大威力，也没有预料到数学家对于迎接新挑战的永不知足的渴求。

**奇数完全数**　没有人知道是否能找到奇数完全数。笛卡儿认为找不到，但专家也可能犯错。英国数学家詹姆士·约瑟夫·西尔维斯特宣称奇数完全数的存在简直是"奇迹中的奇迹"，因为它需要满足如此之多的条件。西尔维斯特的怀疑并不值得奇怪。这是数学中最古老的问题之一，但如果真的存在奇数完全数的话，我们已经知道了关于它的很多性质。它至少要有 8 个不同的质因子，其中一个要大于 100 万，而且它至少有 300 位。

> **梅森质数**
>
> 寻找梅森质数可并不容易。数百年来，很多数学家都为这个列表增砖添瓦了，只是常常对错相杂。伟大的欧拉在 1732 年贡献了第 8 个梅森质数：$2^{31}-1=2\,147\,483\,647$。在 1963 年发现第 23 个梅森质数让伊利诺伊大学数学系引以为豪，他们于是在所用信封的宣传戳里一直写道，"$2^{11\,213}-1$ 是质数"，直到 1976 年换成"四色足矣"。借助功能越来越强大的计算机的帮助，对梅森质数的寻找也不断有着新的进展。在 20 世纪 70 年代末，高中生劳拉·尼克尔和兰登·诺尔一起发现了第 25 个梅森质数，诺尔还发现了第 26 个梅森质数。迄今为止，总共发现了 45 个梅森质数。

# 数字的神秘性

# 11　斐波那契数列

在小说《达·芬奇密码》中，作者丹·布朗让被谋杀的馆长雅克·索尼埃在临死前留下了八个数字的序列，作为破解命案的线索。密码破译者索菲·奈芙重新排列了 13、3、2、21、1、1、8、5 这八个数的顺序，从而解开了它所含的意义。下面就欢迎数学中最著名的数列。

斐波那契数列为

1, 1, 2, 3, 5, 8, 13, 21, 34, 55, 89, 144, 233, 377, 610, 987, 1597, 2584, …

这个数列之所以著名，是因为它有很多迷人的性质。其中最基础的（事实上也是用来定义它们的）性质是每一项都是前两项的和。例如，8=5+3，13=8+5，…，2584=1597+987，等等。你所要记住的仅仅是最开始的两个数字，1 和 1，你从它们就可以构建出剩下的整个数列。在大自然中，斐波那契数列可以在向日葵中找到，葵花籽构成的不同方向的螺线数量是斐波那契数（例如，左旋螺线是 34 条，右旋螺线是 55 条）；另外，建筑师在设计房屋比例或建筑比例时也会用到斐波那契数列。古典音乐作曲家将其作为一种灵感，人们相信巴托克的《舞蹈组曲》便与这个数列有着密切的联系。在现代音乐中，布赖恩·特兰索（BT）在他的专辑《这个二进制宇宙》(This Binary Universe) 中有一首名为 1.618 的曲目，这正是对斐波那契数列极限比例的致敬，这个比例我们稍后会提到。

## 大事年表

| 公元 1202 年 | 1724 年 |
| --- | --- |
| 斐波那契出版了《计算之书》，提出了斐波那契数 | 丹尼尔·伯努利使用黄金比例来表述斐波那契数列 |

**起源** 斐波那契数列首次出现于比萨的列奥纳多（即斐波那契）在1202年出版的《计算之书》中，不过印度人很可能在此之前已经知道了这些数字。斐波那契提出了如下关于兔子繁殖的问题：

> 一对成年兔子每个月可以生下一对小兔子。在年初时，只有一对小兔子。在第一个月结束时，它们成长为成年兔子，并且在第二个月结束时，这对成年兔子将生下一对小兔子。这种成长与繁殖的过程会一直持续下去。这个过程中神奇地不会有兔子死亡。

斐波那契想要知道在第一年结束时，总共会有多少对兔子。繁殖的过程可以通过一个"家谱树"来表示。让我们看一下在第五个月结束时兔子的总数。我们看到总共有 8 对。在家谱树的这一层里，左边那群兔子的数量●○●●○等于上一层里兔子的总数，而右边那群兔子的数量●○○等于上上层里兔子的总数。因此可以看出，兔子的出生遵循下面这个基本的斐波那契等式：

第 $n$ 个月的兔子总数 = 第（$n-1$）月的兔子总数 + 第（$n-2$）月的兔子总数

**性质** 让我们看看如果将数列中的各项加起来会发生什么：

$$1+1=2$$
$$1+1+2=4$$
$$1+1+2+3=7$$
$$1+1+2+3+5=12$$
$$1+1+2+3+5+8=20$$
$$1+1+2+3+5+8+13=33$$
$$\cdots$$

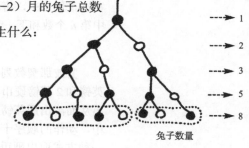

○ = 小兔子

● = 成年兔子

兔子数量

1

1

2

3

5

8

这些相加的结果也可以组成一个新的数列，我们将它们排列在原数列下面，并且加一个整体的偏移：

---

**1923 年**
巴托克完成了他的《舞蹈组曲》，人们相信他的灵感来自斐波那契数列

**1963 年**
专门研究斐波那契数列的期刊《斐波那契季刊》创刊

**2007 年**
雕塑家彼得·兰德尔-培杰根据斐波那契数列为英国"伊甸园计划"创作了一个重达 70 吨的雕塑"种子"

| 斐波那契数列 | 1 | 1 | 2 | 3 | 5 | 8 | 13 | 21 | 34 | 55 | 89 | … |
|---|---|---|---|---|---|---|---|---|---|---|---|---|
| 和 | | | 2 | 4 | 7 | 12 | 20 | 33 | 54 | 88 | | … |

斐波那契数列前 $n$ 项的和比下下个斐波那契数小 1。如果你想要知道 1+1+2+…+987 的结果，你仅仅需要将 2584−1，即 2583。如果以相隔一个数的方式相加，例如 1+2+5+13+34，我们将得到 55，它本身便是斐波那契数列中的一项。如果以另一种方式相加，如 1+3+8+21+55，其结果 88，则比斐波那契数小 1。

斐波那契数列的平方也非常有意思。我们将斐波那契数列中的每个数平方后再相加，可以得到一个新的数列。

| 斐波那契数列 | 1 | 1 | 2 | 3 | 5 | 8 | 13 | 21 | 34 | 55 | … |
|---|---|---|---|---|---|---|---|---|---|---|---|
| 平方 | 1 | 1 | 4 | 9 | 25 | 64 | 169 | 441 | 1156 | 3025 | … |
| 平方之和 | 1 | 2 | 6 | 15 | 40 | 104 | 273 | 714 | 1870 | 4895 | … |

在这个例子中，将平方数列的前 $n$ 项相加的结果正好等于原斐波那契数列中第 $n$ 个数和下一个数的乘积。例如

$$1+1+4+9+25+64+169=273=13\times21$$

斐波那契数列也会在你意料不到的场合出现。让我们设想一个装有 1 英镑和 2 英镑硬币的钱包。我们想要知道的是，要将硬币依次从钱包中取出从而凑出用英镑来表示的某个总额，总共能有多少种方式。在这个问题中，动作的顺序十分重要。对于总额 4 英镑的情况，我们可以按如下任何一种方式取出硬币：1+1+1+1，2+1+1，1+2+1，1+1+2，以及 2+2。总共有 5 种方式，对应于斐波那契数列中的第 5 项。如果你要凑出 20 英镑的总额，则总共会有 6765 种取 1 英镑和 2 英镑硬币的方式，对应于斐波那契数列的第 21 项！这充分显示出了简单数学思想的威力！

**黄金比例** 如果我们看一下斐波那契数列中各项之间的比例，即将每一项和它的前面一项相除，我们将会发现斐波那契数列另外一个非常重要的性质。让我们首先看一下前面几项：1，1，2，3，5，8，13，21，34，55。

| 1/1 | 2/1 | 3/2 | 5/3 | 8/5 | 13/8 | 21/13 | 34/21 | 55/34 |
|------|------|------|------|------|------|------|------|------|
| 1.000 | 2.000 | 1.500 | 1.333 | 1.600 | 1.625 | 1.615 | 1.619 | 1.617 |

很快，这个比例接近了数学中一个非常著名的数——黄金比例，用希腊字母 $\phi$ 表示。它的重要性足以和数学中的顶级常数，例如 $\pi$ 和 $e$ 相媲美。它的精确值为

$$\phi = \frac{1+\sqrt{5}}{2}$$

并且可以近似表示为小数 1.618 033 988…通过另外少许工作，我们可以证明斐波那契数列中的每一项都可以用 $\phi$ 来表示。

尽管我们已经知道了关于斐波那契数列的大量知识，但仍然还有一些疑问有待回答。比如，斐波那契数列中的前几个质数分别是 2、3、5、13、89、233、1597，但我们不知道斐波那契数列中是否会有无穷多个质数。

**家族相似性**　在由所有类似数列组成的大家族中，斐波那契数列占据了最显赫的位置。这个家族中另一个非常重要的成员涉及一个牛的繁殖问题。在斐波那契那里，未成年兔子需要 1 个月的时间成长为成年兔子，然后就可以繁殖下一代。而在这个问题中，在未成年到成年的成长过程中，还存在一个半成年的中间状态，而且只有成年的牛可以繁殖下一代。因此，这个"牛数列"为

1, 1, 1, 2, 3, 4, 6, 9, 13, 19, 28, 41, 60, 88, 129, 189, 277, 406, 595, …

数列中的各项会以跳过一项的方式相加，从而产生下一项，如 41=28+13 以及 60=41+19。这个数列具有与斐波那契数列类似的性质。在"牛序列"中，由各项与其前项相除得到的比值将收敛到一个极限，用希腊字母 $\Psi$ 表示：

$$\Psi = 1.465\ 571\ 231\ 876\ 768\ 026\ 65\cdots$$

这个数被称为"超黄金比例"。

○ = 小牛
◐ = 半成年的牛
● = 成年的牛

| | |
|---|---|
| | 1 |
| | 1 |
| | 1 |
| | 2 |
| | 3 |
| | 4 |
| | 6 |
| | 9 |

牛的数量

# 破译达·芬奇密码

# 12 黄金矩形

矩形在我们身边随处可见——大楼、照片、窗户、门，甚至本书。矩形也见于艺术当中——蒙德里安、本·尼科尔森等抽象派艺术家，都使用了各种各样的矩形。那么，最美丽的矩形是哪个？是贾科梅蒂式细长的矩形，还是接近正方形的矩形，抑或是介于这些极端之间的某个矩形？

这个问题真的有意义吗？一些人认为是的，并且坚信某些特定的矩形要比其他矩形更加"理想"。其中，黄金矩形似乎获得了最多的宠爱。在所有不同长宽比（这是矩形归根结底最重要的性质）的矩形中，黄金矩形是一个非常特殊的矩形，激发了无数艺术家、建筑师和数学家的灵感。现在让我们首先看一下其他的矩形。

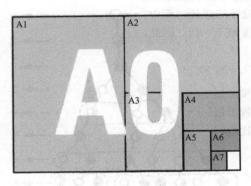

**纸张的数学** 如果我们拿一张 A4 大小的纸，它的规格应该是宽 210 毫米，长 297 毫米，长宽比为 $\frac{297}{210}$，约等于 1.414 2。对于所有国际通用的 A 系列纸张，如果宽等于 $b$ 的话，则长必然等于 1.414 2×$b$。对于 A4 纸来说，$b$=210 毫米，而对于 A5 纸来说，$b$=148 毫米。A 系列纸张所用的规格具有一个其他规格所不具备的非常令人称道的性质。如果将一张 A 系列纸张沿中线对折，形成的两个小矩形恰好与原先的较大矩形成比例。它们只是同一个矩形的两个缩小版。

通过这种方式，一张 A4 纸可以对折形成两张 A5

**大事年表**

| 约公元前 300 年 | 1202 年 |
| --- | --- |
| 欧几里得在《几何原本》中提到了中外比 | 斐波那契出版了《计算之书》 |

纸。类似地，一张 A5 纸可以对折形成两张 A6 纸。反过来，一张 A3 纸是由两张 A4 纸组成的。A 系列纸张中的数字越小，所对应的纸张越大。那么我们如何知道数字 1.414 2 具有这样一个特殊的性质？让我们将一个矩形对折，但这次我们假设并不知道它的长。如果我们将矩形的宽设为 1，长设为 $x$，则长宽比为 $\frac{x}{1}$。现在我们将矩形对折，则较小矩形的长宽比变成了 $\frac{1}{\frac{1}{2}x}$，

即 $\frac{2}{x}$。对于 A 系列纸张来说，这两个比例必须是一样的，由此我们得到一个等式，$\frac{x}{1} = \frac{2}{x}$，或 $x^2 = 2$。因此，$x$ 的值为 $\sqrt{2}$，约等于 1.414 2。

**数学上的黄金** 黄金矩形与此不同，但也仅仅是略微不同。这一次，矩形是沿着直线 RS 对折，从而使得 MRSQ 成为一个正方形的四个顶点。

黄金矩形的关键性质是，剩下的那个矩形 RNPS 与原来的大矩形成比例，即剩下的矩形应当是大矩形的缩小版。

和刚才一样，我们假设大矩形的宽 MQ=MR，且为 1 个单位长度，而它的长 MN=x，长宽比仍是 $\frac{x}{1}$。但这次，小矩形 RNPS 的宽变成了 MN−MR，即 x−1，因此它的长宽比为 $\frac{1}{x-1}$。令这两个长宽比相等，我们得到如下等式

$$\frac{x}{1} = \frac{1}{x-1}$$

相乘化简后，得到 $x^2 = x+1$。方程的一个近似解为 1.618。我们可以很容易对其进行检验。如果在计算器中输入 1.618，然后让它和自己相乘，你将得到 2.618，恰好满足 x+1=2.618。这个数便是著名的黄金比例，用希腊字母 $\phi$ 表示。它的定义和近似值为

$$\phi = \frac{1+\sqrt{5}}{2} = 1.618\ 033\ 988\ 749\ 894\ 848\ 20\cdots$$

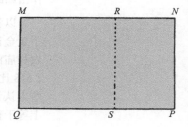

| 1509 年 | 1876 年 | 1975 年 |
|---|---|---|
| 帕乔利出版了《神圣比例》 | 费希纳进行了一些心理学实验，以找出什么样比例的矩形最具"美感" | 国际标准组织（ISO）定义了 A 系列纸张的规格 |

同时，这个数也和斐波那契数列及兔子问题相关（见第 11 章）。

**构建黄金矩形** 现在让我们看看如何构建一个黄金矩形。我们从边长为 1 个单位长度的正方形 MQSR 开始，并标记出 QS 的中点 O。OS 的长度为 1/2，根据勾股定理（见第 21 章），在三角形 ORS 中，

$$OR = \sqrt{\left(\frac{1}{2}\right)^2 + 1^2} = \frac{\sqrt{5}}{2} 。$$

将圆规的圆心定在 O 点，我们可以画出圆弧 RP，并且我们可以得出

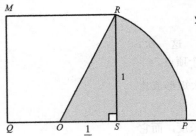

$\frac{\sqrt{5}}{2}$。最终，我们得到了 $QP = \frac{1}{2} + \frac{\sqrt{5}}{2} = \phi$。

这正是我们想要的："黄金分割"或黄金矩形的边长。

**历史** 人们声称在很多地方都发现了黄金比例 $\phi$。人们在意识到它迷人的数学性质之后，便在很多意想不到的地方，甚至其实没它份的地方看到了它的踪影。更加危险的是，有人声称黄金比例是产生那些人工制品的重要动机——音乐家、建筑师、艺术家在创作时，黄金比例已经存在于他们的大脑中。这种说法被称为"黄金数字主义"。但在没有其他证据支持的情况下，冒然作出如此判断是一种非常危险的做法。

以雅典的帕台农神庙为例。在建造它的时候，当时人们固然已经知道了黄金比例，但这并不意味着帕台农神庙是基于它建造的。当然，从帕台农神庙的正视图来看，其宽和高（包含三角形山墙）的比值等于 1.74，与 1.618 比较接近，但这就足以声称黄金比例是设计和建造神庙的动机吗？有些人认为不应当把三角形山墙计算在内，而如果这样的话，其宽高比事实上等于整数 3。

在卢卡·帕乔利 1509 年的著作《神圣比例》（De divina proportione）中，他"发现"了上帝与由 $\phi$ 确定的比例之间的某些关键。他因而将之称为"神圣比例"。帕乔利是一名方济会士，他写的数学书都很有影响力。他被一些人尊为"会计学之父"，因为他使得威尼斯商人所用的复式记账方法得以普及。他另一个知名的原因是他曾教授达·芬奇数学。在文艺复兴时

期，黄金分割拥有了几乎神话般的地位——天文学家开普勒就将其描述为数学中的"珍宝"。后来，德国实验心理学家古斯塔夫·费希纳对于各种矩形（纸牌、书本、窗户等）进行了数千次测量，发现最常见的长宽比都接近于 $\phi$。

勒·柯布西耶也对建筑设计中的核心元素矩形，尤其是黄金矩形深为着迷。他特别注重和谐与秩序，并在数学中找到了它们。他是以数学家的视角审视建筑。他为此还提出了一个"模度"理论，一个关于比例的理论。事实上，这是一种产生一系列黄金矩形的方式。勒·柯布西耶的灵感来自于达·芬奇，而达·芬奇曾非常认真地作了很多关于古罗马建筑师维特鲁威的阅读笔记，维特鲁威相信人体的比例是最美的。

**其他形状** 同样还有一个"超黄金矩形"，它的构造方法和黄金矩形具有相似之处。

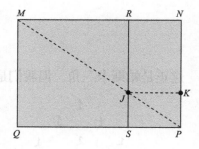

下面介绍如何构造超黄金矩形 $MQPN$。和先前一样，$MQSR$ 是一个边长为 1 的正方形。连接对角线 $MP$，并与 $RS$ 交于点 $J$，通过点 $J$ 作 $MN$ 的平行线，交 $NP$ 于点 $K$。假设 $RJ$ 的长度为 $y$，$MN$ 的长度为 $x$。对于任意矩形，有 $RJ/MR=NP/MN$（因为 $\triangle MRJ$ 和 $\triangle MNP$ 是一对相似三角形），因此 $y/1=1/x$，即 $xy=1$，我们称 $x$ 和 $y$ 彼此互为倒数。通过使得矩形 $RJKN$ 和原矩形 $MQPN$ 成比例，即 $y/(x-1)=x/1$，我们即可获得超黄金矩形。根据另一个等式 $xy=1$，我们可以得出超黄金矩形的长 $x$ 是下面这个三次方程的解：$x^3=x^2+1$。我们发现这个方程和另外一个方程 $x^2=x+1$（决定黄金矩形的方程）非常像。这个三次方程有一个正实数解（我们用一个更加标准的符号 $\psi$ 代替 $x$），其值为

$$\psi = 1.465\ 571\ 231\ 876\ 768\ 026\ 65\cdots$$

这正是与"牛数列"相关的那个常数（见第 11 章）。尽管黄金矩形可以通过一把直尺和一副圆规构建出来，超黄金矩形却不能以这种方式构建。

神圣比例

# 13 帕斯卡三角

数字1非常重要，那么数字11呢？事实上它也非常有趣，同样有趣的还有 11×11=121，11×11×11=1331，以及11的更高阶幂。将它们排列起来，我们得到

$$11$$
$$121$$
$$1331$$
$$14641$$
$$15101051$$

**这正是帕斯卡三角。但我们是从哪里找到它的呢？**

```
          1
        1   1
      1   2   1
    1   3   3   1
  1   4   6   4   1
1   5  10  10   5   1
```

帕斯卡三角

为了让它更加完整，我们加入了 $11^0=1$。现在我们要忘掉每三位数字间的间隔，并在所有数字之间加入间隔。因此，14641 变成了 1 4 6 4 1。

由于其对称性和种种内在的联系，帕斯卡三角在数学中非常著名。布莱兹·帕斯卡在 1653 年的一篇论文中讨论了它的部分性质，并称一篇论文的篇幅远远不够讲述它的所有性质。帕斯卡三角与其他数学分支之间的众多联系使得它成了一个历史悠久的数学课题，但它的起源其实可以追溯到更早。事实上，并不是帕斯卡发明了这个以他名字命名的三角——早在 13 世纪的中国学者就已经知道它了。[1]

帕斯卡图案从顶部向下衍生而成。从一个 1 开始，在下一行里它的两边各放置一个 1。要构造更多行，我们需要在每一行的两端放置 1，而中间

[1] 在中国，这被称为"杨辉三角"或"贾宪三角"，得名自南宋数学家杨辉或北宋数学家贾宪。——编者注

的数字可以由它上边的两个数相加直接得到。例如，对于第 5 行中的 6，我们是通过上一行中的 3+3 得到。英国数学家哈代曾说过："数学家，其实就像画家或者诗人，是模式的创造者。"而帕斯卡三角无疑是某种模式的极致。

**与代数之间的联系**  帕斯卡三角是以实际数学问题为基础的。例如，如果我们将 $(1+x)\times(1+x)\times(1+x)=(1+x)^3$ 展开，将得到 $1+3x+3x^2+x^3$。仔细观察你便可以发现，展开式中变量前的数字正好是帕斯卡三角中对应行的数字。这种对应关系列出如下：

$$
\begin{array}{c}
(1+x)^0 \qquad\qquad 1 \\
(1+x)^1 \qquad\qquad 1 \quad 1 \\
(1+x)^2 \qquad\qquad 1 \quad 2 \quad 1 \\
(1+x)^3 \qquad\qquad 1 \quad 3 \quad 3 \quad 1 \\
(1+x)^4 \qquad\qquad 1 \quad 4 \quad 6 \quad 4 \quad 1 \\
(1+x)^5 \qquad\qquad 1 \quad 5 \quad 10 \quad 10 \quad 5 \quad 1
\end{array}
$$

如果我们将帕斯卡三角中各行的数字加起来，则每一行的结果都是一个 2 的幂。例如，对于第 5 行，$1+4+6+4+1=16=2^4$。这也可以通过将上面式子中的 $x$ 设为 1 得出。

**性质**  帕斯卡三角的第一个也是最明显的性质是它的对称性。如果我们在中间画一条垂直线，帕斯卡三角将"镜面对称"——垂直线左右两边的数完全一样。这个性质使得我们可以讨论通常的"对角线"，因为东北向的对角线与西北向的对角线是一样的。在由 1 组成的对角线下面，我们看到了由自然数数列 1，2，3，4，5，6，…组成的对角线，而下一条对角线，则包含了三角形数（摆成三角形的点的数目）1，3，6，10，15，21，…而再下面的对角线中，我们看到的是四面体数 1，4，10，20，35，56，…这些数对应于四面体（"三维的三角形"，或者如果你喜欢的话，它们等于不断增大的三角形基座上可放置的加农炮弹个数）。那么，那些"准对角线"又会是什么情况呢？

**帕斯卡三角的准对角线**

| 1303 年 | 1664 年 | 1714 年 |
| --- | --- | --- |
| 中国元代数学家朱世杰给出了帕斯卡三角的定义，并给出了计算某些数列之和的方法 | 帕斯卡关于该三角性质的论文在他去世后被出版 | 莱布尼茨讨论了其调和三角 |

如果我们将斜穿三角形的直线（不是行，也不是对角线）上的数相加，可以得到数列 1，2，5，13，34，…每一个数都是前面那个数的三倍再减去更前面一个数。例如，34=3×13−5。根据这个规律，数列中的下一个数是 3×34−13=89。我们别遗漏了另外一种可能的准对角线，它从 1 开始，1+2=3，并且由它们产生的整个数列是 <u>1</u>，<u>3</u>，<u>8</u>，<u>21</u>，<u>55</u>，…这个数列同样遵循相同的"三倍减一"规律。因此，我们可以算出这个数列中的下一个数，3×55−21=<u>144</u>。别忙，还没完呢。如果将这两个"准对角线"数列交织排列在一起，我们得到的是斐波那契数列

1，<u>1</u>，2，<u>3</u>，5，<u>8</u>，13，<u>21</u>，34，<u>55</u>，89，<u>144</u>，…

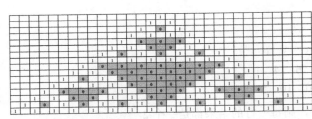

帕斯卡三角中的奇数和偶数

**帕斯卡组合** 帕斯卡数可以解决一些计数问题。设想一个房间里有 7 个人，我们暂为他们取名为 Alison、Catherine、Emma、Gary、John、Matthew 以及 Thomas。如果要选出这 7 个人中的 3 个人，总共有多少种选择方式？一种方式是选择 A，C，E；同样你也可以选择 A，C，T。数学家们发现用 C(n, r) 来表示帕斯卡三角中第 n 行的第 r 个数（n，r 从 0 算起）会非常方便。那么，我们刚才那个问题的答案就是 C(7, 3)。三角中第 7 行第 3 个位置的数是 35。事实上，我们从 7 个人中选 3 个人的时候，同时也选出了 4 个"未被选择"的人。这可以解释为什么 C(7, 4) 也等于 35。通常地，C(n, r)＝C(n, n−r)，这符合帕斯卡三角的镜面对称性质。

**0 和 1** 在帕斯卡三角中，我们发现其中数字的奇偶性决定了其构成的图案。如果我们用 1 代替三角中的奇数，用 0 代替三角中的偶数，可以得到一种图案，这种图案正是一种非常著名的分形——谢尔宾斯基地毯（见第 25 章）。

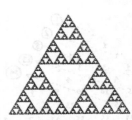

谢尔宾斯基地毯

**加入符号** 我们可以写出对应于 (−1+x) 的幂，即 (−1+x)" 的帕斯卡三角。在这种情况下，三角形不再关于中线完全对称，而且各行中的数字之和不再等于 2 的幂，而是 0。不过，这个三角形的对角线十分有趣。东北向的对角线为 1，−1，1，−1，1，−1，1，−1，…它们正是下面这个展开式中的系数

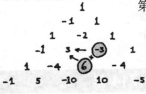

加入符号

$$(1+x)^{-1}=1-x+x^2-x^3+x^4-x^5+x^6-x^7+\cdots$$

而接下来的那条对角线是如下展开式中的系数

$$(1+x)^{-2}=1-2x+3x^2-4x^3+5x^4-6x^5+7x^6-8x^7+\cdots$$

**莱布尼茨三角** 德国博学家莱布尼茨也发现了一种用三角形摆列数字的方式。莱布尼茨数也具有关于中线对称的性质。但不同于帕斯卡三角的是，每行中的数字是由它下面的两个分数相加得到的。例如，$\frac{1}{30}+\frac{1}{20}=\frac{1}{12}$。要构建这样一个三角形，我们可以从顶点开始，按照从左到右的顺序通过相减得到其他数字：我们知道了 $\frac{1}{12}$ 和 $\frac{1}{30}$，因此 $\frac{1}{12}-\frac{1}{30}=\frac{1}{20}$，这便是 $\frac{1}{30}$ 右边的数。你可能已经认出了最外边的对角线是著名的调和级数

$$1+\frac{1}{2}+\frac{1}{3}+\frac{1}{4}+\frac{1}{5}+\frac{1}{6}+\frac{1}{7}+\cdots$$

莱布尼茨三角

而第二条对角线是我们所知的莱布尼茨级数

$$\frac{1}{1\times2}+\frac{1}{2\times3}+\cdots+\frac{1}{n\times(n+1)}$$

稍作巧妙处理，可以得出上式等于 $n/(n+1)$。就像我们之前所做的一样，我们可以用 $B(n,r)$ 来表示莱布尼茨三角中第 $n$ 行的第 $r$ 个数（$n$，$r$ 从 0 算起）。它们和普通的帕斯卡数 $C(n,r)$ 具有如下关系：

$$B(n,r)\times C(n,r)=\frac{1}{n+1}$$

一首老歌这样唱道："膝盖骨连接着大腿骨，而大腿骨连接着臀骨。"我们可以用它来形容帕斯卡三角与数学中诸多部分（如现代几何、组合数学、代数学等）之间的亲密关系。更重要的是，它是数学这门技艺的一个典范——对于模式和和谐的不懈追寻，加深了我们对于这个课题本身的理解。

# 数字喷泉

# 14 代数

代数给了我们一种解决问题的独特方式，一种有点特别的演绎法。这个特别之处就是"逆向思维"。让我们考虑一下这个问题，给数字25加上17，结果将是42。这是正向思维。我们知道这些数，需要做的只是把它们加起来。但假如我们已经知道了答案42，并提出了一个不同的问题，什么数和25相加得42。这里便需要用到逆向思维。我们想要知道未知数x的值，它满足等式25+x=42。这时我们只需将42减去25便可得到答案。

类似下面这个需要用代数解决的应用题，一代又一代的小学生都遇到过：

> 我的侄女米歇尔今年 6 岁，而我今年 40 岁。问几年之后我的年龄将是她的三倍？

我们可以通过反复试错的方法找到答案，但用代数处理会更加简洁。从现在算起，$x$ 年后米歇尔将是 $6+x$ 岁，而我将是 $40+x$ 岁。由于那个时候我的年龄是她的三倍，因此

$$3 \times (6+x) = 40+x$$

将等式左边展开，你将得到 $18+3x=40+x$。将所有的 $x$ 移到等式一边，数字移到另一边，最终得到 $2x=22$，这意味着 $x=11$。当我 51 岁的时候，米歇尔正好 17 岁。多么神奇！

如果我们想要知道几年后我的年龄将是她的两倍呢？我们可以使用相同的方法，但这次我们要解的方程是

$$2 \times (6+x) = 40+x$$

## 大事年表

| 公元前 1950 年 | 公元 250 年 |
|---|---|
| 巴比伦人开始研究二次方程 | 亚历山大港的丢番图出版了《算术》 |

结果是 $x=28$。当我 68 岁的时候，她 34 岁。以上这些方程都是最简单的类型，它们被称为"线性方程"。它们不含有诸如 $x^2$ 或 $x^3$ 的项，而这些项会使得方程更加难解。含有如 $x^2$ 项的方程称为"二次方程"，而含有如 $x^3$ 项的方程称为"三次方程"。

从算术的科学到符号或代数的科学，数学经历了一次巨大的转变。从用数学思考到用字母思考，这个思维上的转变并不容易做出，但这样的努力是值得的。

**起源** 代数是 9 世纪伊斯兰学者工作成果中非常重要的部分。花拉子密写过一本数学教科书，通过利用线性方程和二次方程求解实际问题。从其书名中的一个阿拉伯词 al-jabr，我们得到了 algebra（代数）这个新名词。后来以《鲁拜集》和下面这句不朽诗句

　　　一壶美酒，一片面包——你
　　靠在我身边，歌声在旷野中回荡。

而闻名的奥马尔·海亚姆，在 1070 年，年仅 22 岁时也写过一本关于代数的书，其中探讨了三次方程的求解问题。

吉罗拉莫·卡尔达诺 1545 年的数学著作是方程理论的一个分水岭，因为其中包含了大量关于三次方程和四次方程（含有如 $x^4$ 项的方程）的结论。他的研究证明了二次、三次以及四次方程都可以通过仅含 $+$、$-$、$\times$、$\div$、$\sqrt[q]{\ }$（表示 $q$ 次方根）这些运算的公式来求解。例如，二次方程 $ax^2+bx+c=0$ 可以通过下面的公式来求解：

### 意大利的插曲

关于三次方程的理论是在文艺复兴时期全面发展起来的。不幸的是，期间出现了一段不光彩的插曲。希皮奥内·德尔·费罗找到了一种具有特定形式的三次方程的解。听到这个消息后，尼科洛·丰塔纳（外号"口吃者"），一个来自威尼斯的老师，发表了他自己关于代数的求解结果，但对所用方法却密而不宣。米兰的卡尔达诺劝说丰塔纳把方法告诉了他，并发誓对此保密。不过，这个方法最终还是泄露了。当丰塔纳发现自己的成果已被卡尔达诺在 1545 年出版的《大术》（*Ars Magna*）中发表时，他俩便彻底闹翻了。

| 825 年 | 1591 年 | 20 世纪 20 年代 | 1930 年 |
|---|---|---|---|
| 花拉子密在数学中引入"代数"一词 | 弗朗索瓦·韦达用辅音字母和元音字母分别表示已知数和未知数 | 艾米·诺特发表了一系列推动现代抽象代数发展的论文 | 范德瓦尔登出版了著名的《代数学》 |

$$x = \frac{-b \pm \sqrt{b^2 - 4ac}}{2a}$$

如果你想要求解方程 $x^2-3x+2=0$，你所需做的只是把 $a=1$，$b=-3$，$c=2$ 代入上面这个公式。

三次方程和四次方程的求根公式非常长，而且非常复杂，但它们确实存在。困扰数学家的问题是，他们找不到一个可以通用于含有 $x^5$ 的方程（五次方程）的求根公式。指数 5 有什么特别之处呢？

1826 年，英年早逝的尼尔斯·阿贝尔得出了一个关于五次方程这个难题的重要结论。他实际上是做出了一个否定的回答，这通常比证明某件事可以做到更加困难。阿贝尔证明了不存在可以求解所有五次方程的公式，因此，任何对于这个"圣杯"的进一步追寻必将无功而返。阿贝尔的证明说服了顶尖的那些数学家，但在很长时间之后，这个消息才广为整个数学界所接受。有些数学家拒绝承认这个结果，直到 19 世纪末，还有人宣称找到了那个不可能存在的公式。

**近世代数** 长久以来，代数一直意味着"关于方程的理论"，但到了 19 世纪，事情有了新的转变。人们开始意识到，代数中使用的符号不仅可以表示数字，也可以用来表示"命题"，因此，代数可以运用到逻辑研究当中。它们甚至可以表示更高维的对象，例如矩阵代数中所涉及的对象（见第 39 章）。另外，正如很多非数学家一直以来所怀疑的，它们甚至可以什么都不代表，而仅仅是一些符号在一定的规则下来回移动。

现代代数中一件非常重要的事情发生在 1843 年，当时爱尔兰数学家哈密顿发现了四元数。哈密顿一直都在寻求一个符号系统，试图将二维的复数扩展到更高维。很多年来，他都在尝试三维符号，但没有找到一个满意的系统。他每天早晨下楼吃早饭时，他的儿子都要问他："爸爸，你可以将三维数对相乘了吗？"而他不得不回答，不行，现在还只能对它们进行相加或者相减。

成功不期而至。既然对三维符号系统的寻求是个死胡同，那自己应该转向四维符号系统。灵感在他陪着妻子沿皇家运河散步时突然闪现。狂喜之下，这位 38 岁的艺术破坏者、爱尔兰皇家天文学家、该王国的爵士，将四元数的基本关系刻到了布鲁厄姆桥（Brougham Bridge）的石头上——如今，这个地方还设置了一块纪念石碑。从这个让他永世难忘的日子开始，这个课题深深吸引了哈密顿。他年复一年地做着讲座，出了两本非常厚的书籍，都是关于他那"向西流淌的、关于四的神秘之梦"。

四元数的一个特性是，当它们相乘时，相互的次序至关重要，这不同于普通算术的乘法法则。1844 年，德国语言学家和数学家赫尔曼·格拉斯曼提出了另一个代数系统，这回的过程并没有什么戏剧性。这个成果由于太过超前，在当时被忽视了，但它在后来被证明具有相当深远的价值。如今，四元数和格拉斯曼的代数系统在几何、物理以及计算机图形学中都得到了广泛应用。

**抽象代数**　在 20 世纪，公理化方法是代数的主导范式。这种方法在很早以前被欧几里得用作几何学的基础，但把它应用到代数中则是相对晚近的事情。

艾米·诺特是该抽象方法的主要推动者。在这种近世代数中，基本思路是研究代数结构，而个体实例从属于一般的抽象构造。如果不同的实例具有相同的结构但不同的记法，那么它们被称为是同构的。

最基本的代数结构是群，它由一系列公理定义（见第 38 章）。有些结构具有较少的公理（如广群、半群以及拟群），而有些结构具有较多的公理（如环、反称域、整域以及域）。这些新名词都是在 20 世纪早期被引入到数学中的，代数也因此变成了一门抽象科学，即我们所熟知的"近世代数"。

# 求解未知数

# 15 欧几里得算法

花拉子密不仅给了后世"代数"这个词，他在9世纪关于算术的一本书还给了我们了"算法"（algorithm）这个词。算法是一个对于数学家和计算机科学家非常重要的概念。但它究竟是什么？只有先回答这个问题，我们才能更好地理解欧几里得除法算法。

简而言之，算法是一套例行程序。它包括一系列诸如"你做这件事情，然后去做那件事情"的指令。我们可以看出为什么计算机喜欢算法，因为它们非常善于执行指令，不会出现任何偏差。一些数学家认为算法非常枯燥，因为它们不断重复，但要写出一个算法并把它翻译成几百行包含数学指令的计算机代码可不是件容易的事情。很有可能会出现一团糟的情况。写出一个算法是一项创造性挑战。对于同一项任务，通常有多种可选择的方法，而我们应当找出其中最好的一种。某些算法可能"不符合目的"，而某些则可能完全无效率，因为它们漫无目的。有些算法可能计算得很快，但得到了错误的结果。这有点像烹饪。烹制带馅烤火鸡有上百种不同的食谱（算法），而我们显然不希望在一年中非常重要的一天使用一个非常差劲的算法。现在，我们准备好了各种原料，也选择了一套指令。食谱的开头可能是以下大致的流程：

- ❏ 在火鸡腹腔中填满各种馅料；
- ❏ 在火鸡外表面涂上黄油；
- ❏ 使用盐、胡椒粉和辣椒粉调味；
- ❏ 在 168 摄氏度的温度下烘烤三个半小时；
- ❏ 将烤好的火鸡晾凉半个小时。

## 大事年表

| 约公元前 300 年 | 约公元 300 年 |
|---|---|
| 欧几里得算法在《几何原本》第 7 卷中提出 | 孙子发现了中国剩余定理 |

我们要做的就是按部就班地执行这个算法。在这个食谱中唯一缺少的，是数学算法中经常使用的循环，一种用于处理递归的工具。希望我们不必将火鸡回炉再做。

在数学中，我们也有原料——那些数字。欧几里得除法算法是用来寻找最大公约数（记作 gcd）的。两个整数的最大公约数是它们公约数中最大的那个数。作为我们例子中的原料，我们选择了 18 和 84 这两个数。

**最大公约数**  在这个例子中，我们要考虑的最大公约数是能够同时整除 18 和 84 的最大的数。2 可以同时整除 18 和 84，但 3 也可以做到。因此，6 也可以同时整除这两个数。是否还有更大的能够同时整除它们的数呢？我们可以试一下 9 或 18。通过验算，这两个候选者并不能够整除 84，所以 6 是能够同时整除它们的最大的数。由此我们可以得到结论：6 是 18 和 84 的最大公约数，记为 gcd(18, 84)=6。

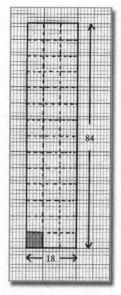

最大公约数可以通过厨房的瓷砖来解释。假如要在一面宽 18、长 84 的墙上贴满正方形瓷砖，而且不允许对瓷砖切割，那么它就是瓷砖的最大边长。在这个例子里，我们可以看到 6×6 的瓷砖可以完成这个任务。

与最大公约数相关的是最小公倍数（记作 lcm）。18 和 84 的最小公倍数是同时能够被它们整除的最小的数。最大公约数和最小公倍数之间有一个非常突出的关系：两个数的最大公约数和最小公倍数相乘得到的积等于这两个数自身相乘所得到的积。这里，lcm(18, 84)=252，我们可以验证一下：6×252=1512=18×84。

在几何上，最小公倍数是能够被 18×84 的矩形瓷砖正好贴满的正方形的边长。由于 lcm(a, b)=ab÷gcd(a, b)，因此我们可以转而专心寻找最大公约数。我们已经计算出了 gcd(18, 84)=6，但要算出它来，我们需要知道 18 和 84 的所有因子。

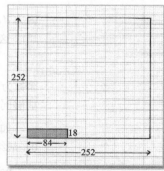

用 18×84 的长方形瓷砖贴满边长为 252 的正方形

简单回顾一下这个计算过程。我们首先将两个数分解为各自

810 年

花拉子密在数学中引入了"算法"一词

1202 年

斐波那契在《计算之书》中讨论了同余的问题

20 世纪 70 年代

中国剩余定理被应用到信息加密中

的因子之积：18=2×3×3，84=2×2×3×7。然后，通过比较它们发现，2 是二者的公因子，而且是能够同时将它们整除的 2 的最高次幂。同理，3 也是公因子，而且也是能够同时将它们整除的 3 的最高次幂。尽管 7 可以整除 84，但它不能整除 18，因此它不能作为一个因子算入 gcd 中。于是我们得到结论：2×3=6 是能够同时将它们整除的最大的数。但这些在因子上的操作可以免掉吗？设想一下寻找 gcd(17 640, 54 054) 所需的计算量吧。我们首先需要将这两个数因子分解，而这才仅仅是开始。肯定存在更简单的方式。

**算法** 这里有一个更好的方法。欧几里得算法是在《几何原本》第 7 卷命题 2 "已知两个非互质的数，求它们的最大公约数"中介绍的。

欧几里得给出的这个算法非常高效，它有效地用简单的除法取代了因子分解的繁琐过程。让我们看一下它是如何做到的。

现在的目标是计算 $d$=gcd(18, 84)。我们首先用 18 去除 84。并不能实现整除，结果是得 4 余 12：

$$84=4×18+12$$

因为 $d$ 必须可以整除 84 和 18，所以它必须能够整除余数 12。因此 $d$=gcd(12, 18)。这时我们可以重复以上过程，用 12 去除 18：

$$18=1×12+6$$

余数为 6，因此 $d$=gcd(6, 12)。用 6 除 12，结果余数为 0，因此 $d$= gcd(0, 6)。6 是能够同时整除 0 和 6 的最大的数，因此它便是我们要找的答案。

如果计算 $d$=gcd(17 640, 54 054)，余数相继为 1134、630、504、126 和 0，最终得到 $d$=126。

**gcd 的用处** gcd 可以用于求解一些要求其解为整数的方程。这些方程被称为丢番图方程，得名于古希腊数学家丢番图。

设想姑婆克莉丝汀准备前往巴巴多斯度假。她派她的男管家约翰带着她的行李去机场，每个手提箱重 18 千克或 84 千克，并且他被告知行李的总重量是 652 千克。当约翰从机场返回他们居住的贝尔格拉维亚区时，他 9 岁的儿子詹姆斯叫道："这不可能是正确的，因为 18 和 84 的最大公约数 6

并不能整除 652。"詹姆斯猜测，正确的总重量应该是 642 千克。

詹姆斯知道，当且仅当 18 和 84 的最大公约数 6 可以整除 $c$ 时，方程 $18x+84y=c$ 存在整数解。$c=652$ 不满足要求，但 $c=642$ 满足要求。詹姆斯甚至根本不需要知道 $x$ 和 $y$ 的具体值，即姑婆克莉丝汀要带到巴巴多斯的每种重量的箱子的个数。

**中国剩余定理** 如果两个数的最大公约数为 1，那么称这两个数是"互质"的。它们并不需要自身都是质数，而仅需要相对于另一个数为质数即可。例如，gcd(6, 35)=1，但 6 或 35 都不是质数。在了解中国剩余定理之前我们需要知道这些。

让我们看一下另外一个问题：安格斯不知道他有多少瓶酒，但当他把它们成对地摆放以后，多出来 1 瓶。当他把它们按每行 5 瓶摆放在酒架上以后，多出来 3 瓶。问他到底有多少瓶酒？我们知道这个数被 2 除余 1，而被 5 除余 3。第一个条件使得我们可以排除所有的偶数。依次检验那些奇数，我们很快可以发现，13 满足要求（我们可以安全地假设安格斯拥有 3 瓶以上的酒，因为 3 也满足条件）。不过，还存在其他的正确答案——事实上，是以 13，23，33，43，53，63，73，83，…开始的整个数列。

让我们现在再增加另一个条件：这个数必须被 7 除余 3（按每 7 瓶打包的话，会多出来 3 瓶）。依次检验数列 13，23，33，43，53，63，…再结合这一点，我们发现 73 满足条件，143、213 也满足条件，而且所有这些数和 70 的倍数相加后得到的数都满足条件。

用数学术语表述的话，我们已经找到了由中国剩余定理所确定的解。它同时告诉我们，任意两个解之间都相差 $2 \times 5 \times 7 = 70$ 的倍数（2、5、7 两两互质，但对于其他不两两互质的情况，我们也可以转化为两两互质的情况）。如果安格斯拥有的酒瓶数量在 150 和 250 之间的话，那么这个定理就将解限定在了 213 上。对于一个公元 3 世纪发现的定理来说，它做得已经相当不错了！

# 通往最大之途径

# 16 逻辑

"如果道路上的车辆减少了些，那么污染状况将是可接受的。情况要么是车辆减少了些，要么是我们应当采取道路通行费，或者两者同时出现。而如果收取道路通行费的情况出现，夏天将会热得让人难以忍受。但事实上，现在夏天是相当凉爽。所以结论毋庸置疑：污染状况是可接受的。"

这段来自某篇日报报道的导语的论证是"有效的"，还是根本不合逻辑？在这里，我们并不关心它作为一条交通政策是否说得通，也不关心它是不是篇好报道。我们所感兴趣的仅是它作为推理论证的有效性。而逻辑可以帮助我们判定这个问题——因为逻辑讨论的就是对于推理过程的严谨检验。

**大前提、小前提和结论**　不过，上面这段论证较为复杂，所以让我们先看一些比较简单的论证，回溯到古希腊哲学家亚里士多德（他被认为是逻辑学的奠基者）那里。他的方法是基于不同形式的三段论，一种包含三个陈述（大前提、小前提和结论）的论证方法。一个例子是

> 所有的猎犬都是狗
> 所有的狗都是动物
> ————————————
> 所有的猎犬都是动物

分隔线以上的是两个前提，下面是结论。在这个例子中，无论我们对"猎犬"、"狗"、"动物"赋予什么样的意义，结论都是必然的。下面这个例子是相同的三段论，但使用了不同的词语：

| 约公元前 335 年 | 公元 1847 年 |
|---|---|
| 亚里士多德提出了逻辑三段论 | 布尔出版了《逻辑的数学分析》 |

> 所有的苹果都是橘子
> 所有的橘子都是香蕉
> ─────────────
> 所有的苹果都是香蕉

在这个例子里，如果以通常的意义理解那些词语，那么每一个陈述都是毫无意义的。然而，这两个三段论的例子都具有相同的结构，而且正是这个结构使得三段论有效。你绝对不可能找出这样一个例子，其中 A、B、C 具有这个结构，而且两个前提都是真的，但结论却是假的。这使得一个有效的论证变得有用。

> 所有的 A 都是 B
> 所有的 B 都是 C
> ─────────────
> 所有的 A 都是 C
> **一个有效的论证**

我们可以通过改变量词，如"所有"、"有些"，以及"没有"（例如，没有一个 A 是 B），来获得三段论的其他形式。例如，另外一个结构可以是：

> 有些 A 是 B
> 有些 B 是 C
> ─────────────
> 有些 A 是 C

这个论证有效吗？它对所有的 A、B 以及 C 都适用吗？是否存在一个反例，使得两个前提都为真但结论却为假？如果让 A 为猎犬，B 为棕色物体，C 为桌子，那么下面的例子能让人信服吗？

> 有些猎犬是棕色的
> 有些棕色物体是桌子
> ─────────────
> 有些猎犬是桌子

我们举出的这个反例说明了这个三段论是无效的。三段论的形式如此之多，中世纪的学者们还为此发明了各种帮助记忆的方法。我们所举的第一个例子是 AAA，常以 B̲A̲R̲B̲A̲R̲A̲ 称之，因为它包含了三次"所有"（All）的使用。这

---

**1910 年**　　　　　　　　**1965 年**　　　　　　**1987 年**

罗素和怀特海尝试将数学简化为逻辑　　洛夫廷·扎德提出了模糊逻辑　　日本的地铁系统是基于模糊逻辑设计的

| $a$ | $b$ | $a \vee b$ |
|---|---|---|
| T | T | T |
| T | F | T |
| F | T | T |
| F | F | F |

**或真值表**

| $a$ | $b$ | $a \wedge b$ |
|---|---|---|
| T | T | T |
| T | F | F |
| F | T | F |
| F | F | F |

**与真值表**

| $a$ | $\neg\, a$ |
|---|---|
| T | F |
| F | T |

**非真值表**

| $a$ | $b$ | $a \rightarrow b$ |
|---|---|---|
| T | T | T |
| T | F | F |
| F | T | T |
| F | F | T |

**蕴含真值表**

些分析论证有效性的方法一直延续了超过两千年之久，并且在中世纪的大学学习中占据了至关重要的位置。亚里士多德的逻辑（他的三段论）直到 19 世纪都一直被认为是一门完美的科学。

**命题逻辑**　另一种形式的逻辑则要比三段论走得更远。它处理的是命题（简单的陈述），以及命题的组合。要分析那段报道导语，我们先要学习一些"命题逻辑"的相关知识。它曾经被称作"逻辑代数"，因为乔治·布尔意识到它可以作为一种新的代数来对待。19 世纪 40 年代，布尔和奥古斯都·德摩根等数学家对此做了相当多的工作。

让我们试着考虑这样一个命题 $a$，$a$ 代表"Freddy 是一只猎犬"。命题 $a$ 可能为真，也可能为假。如果我想到的是我那只名为 Freddy 的狗，它的确是一只猎犬，那么这个命题就是真的（T）但如果我想把这个陈述应用到我堂弟身上，他的名字也是 Freddy，那么这个命题就是假的（F）。一个命题的真假取决于它的参照物。

如果我们还有另外一个陈述 $b$，如"Ethel 是一只猫"，那么我们就可以以几种方式组合这两个命题。一种组合写为 $a \vee b$。连接符 $\vee$ 意味着"或"，但它在逻辑中的使用与日常生活中的"或"略微有些不同。在逻辑中，如果"Freddy 是一只猎犬"为真，或者"Ethel 是一只猫"为真，或者它们俩都为真，那么 $a \vee b$ 为真。只有当 $a$ 和 $b$ 都为假时，$a \vee b$ 才为假。这种命题间的关联可以用一个真值表来概括。

我们也可以使用"与"来组合命题，写为 $a \wedge b$，另外还有"非"，写为 $\neg\, a$。如果我们通过连接符 $\vee$、$\wedge$、$\neg$ 将 $a$、$b$、$c$ 组合起来，比如 $a \wedge (b \vee c)$，逻辑代数的模样便会更加清晰。我们还可以得到一个等式，称为等值式：

$$a \wedge (b \vee c) \equiv (a \wedge b) \vee (a \wedge c)$$

符号 $\equiv$ 表示两个逻辑陈述等价，即符号两边具有相同的真值表。在逻辑代数和普通代数之间存在一种对应关系，因为符号 $\wedge$ 和 $\vee$ 与普通代数中的 $\times$ 和 $+$ 具有类似之处。在普通代数中，我们也有 $x \times (y+z)=(x \times y)+(x \times z)$。不过，这种对应关系并不总是成立，存在一些例外。

其他逻辑连接符可以根据这些基本符号定义。比如一个有用的连接符是"蕴含" $a \rightarrow b$，它的定义等价于 $\neg\, a \vee b$，其真值表如左图所示。

现在，如果我们回过头来看一下那段报道导语，我们可以将它写为符号形式，并在右边给出它的论证：

$C$ = 道路上的车辆减少了些
$P$ = 污染状况可接受
$S$ = 应当收取道路通行费
$H$ = 夏天热得让人难以忍受

$$C \rightarrow P$$
$$C \vee S$$
$$S \rightarrow H$$
$$\neg H$$
$$\overline{\phantom{xxxxx}}$$
$$P$$

这个论证是否有效呢？让我们假设结论 $P$ 是假的，但所有的前提都是真的。如果我们可以证明这个假设是一个谬论，那么就意味着这个论证是有效的，从而也就意味着它不可能前提都为真而结论却为假。如果 $P$ 为假，那么根据第一个前提 $C \rightarrow P$，$C$ 必须是假的。由于 $C \vee S$ 为真，那么 $C$ 为假的事实意味着 $S$ 为真。根据第三个前提 $S \rightarrow H$，则 $H$ 应当是真的。也就是说，$\neg H$ 是假的。这与最后一个前提 $\neg H$ 假设为真相矛盾。尽管这段报道导语中的陈述内容可以商榷，但至少其论证的结构是有效的。

**其他逻辑**　戈特洛布·弗雷格、C. S. 皮尔士以及恩斯特·施罗德对命题逻辑加以了量化，提出了所谓"一阶谓词逻辑"。它使用了全称量词 ∀，代表"对于所有"，以及存在量词 ∃，代表"存在"。

另一个逻辑学的新发展是模糊逻辑的提出。这听上去有点思维混乱的意思，但它确实是对传统逻辑的扩展。传统逻辑是基于集合的，所以我们有猎犬的集合、狗的集合以及棕色物体的集合。我们很明确什么属于该集合而什么不属于该集合。如果我们在公园里碰到一只纯种的罗德西亚背脊犬，我们可以很肯定它不是猎犬集合中的成员。

模糊集合论处理的则是那些定义不那么严密的集合。如果我们有一个"重的猎犬"的集合，一只猎犬要多重才算是属于这个集合呢？在模糊集合中，成员的隶属性是渐变的，而什么属于该集合、什么不属于该集合的边界也是模糊的。数学允许我们精确地定义模糊。逻辑如今已经远远不是一个枯燥无味的学科了。从亚里士多德开始走到现在，它已经成为现代研究和应用中一个非常活跃的领域。

| ∨ | 或 |
| ∧ | 与 |
| ¬ | 非 |
| → | 蕴含 |
| ∀ | 对于所有 |
| ∃ | 存在 |

# 推理的清晰思路

# 17 证明

数学家尝试通过证明来表明他们的理论是正确的。对于有理有据又无懈可击的论证的不懈追求，是推动纯数学不断进步的动力。根据已知或假设的前提条件，经过一系列正确的推导，最终使数学家得出一个结论，后者随即成为现有数学知识库的一部分。

证明并不能轻易得到——它们常常要经历相当多的摸索和失败之后才能得到。数学家的核心工作就是努力给出证明。一个成功的证明是数学家给出的真货鉴定书，将已确立的定理同猜想、灵光闪现或初步估计区分开来。

证明应该拥有的品质包括严格、明晰以及优雅。此外，它最好能给我们提供新的洞见。一个好的证明是能使人更明智的证明，不过有证明毕竟就好过根本没有证明。在那些未被证明的基础上建立起来的理论，就像是沙子上的房屋一样没有根基，相当危险。

一个证明并非一成不变，因为随着相关概念的发展，它可能需要被修订。

**什么是证明？** 当你读到或听到一个数学结果时，你是否会相信它？又是什么使得你相信它？一个答案会是：它是从你所接受的一些思想推导得出了你想知道的一些陈述，并且整个论证过程合乎逻辑。这便是数学家所称的"证明"，它通常是日常用语和严密逻辑的某种混合体。证明的质量有好有坏，好的证明能让你深信不疑，而不好的证明则会让你仍然心存疑惑。

数学中常用的证明方法包括：反例法，直接法，间接法，数学归纳法。

## 大事年表

| 约公元前 300 年 | 公元 1637 年 |
| --- | --- |
| 欧几里得的《几何原本》为数学证明提供了范例 | 笛卡儿在他的《方法论》一书中推崇数学的严格性 |

**反例法** 让我们从怀疑陈述本身的正确性开始——这种方法可用于证明一个陈述是不正确的。试以一个具体陈述为例。假设你听到这样一个说法：所有的整数和自身相乘的结果都是偶数。你相信它吗？在给出一个答案之前，我们应当先试一些例子。假设我们现在有一个整数 6，将它和自身相乘后得到 $6×6=36$，我们发现，结果确实是一个偶数。不过，孤燕不成夏。这个说法是针对任何整数的，而这样的数有无穷多个。为了更全面地理解这个问题，我们应当多试一些例子。例如，试验一下 9，我们发现 $9×9=81$。但 81 是一个奇数。这意味着所有整数和自己相乘都得偶数的说法是错误的。这样一个例子与原始的说法是相悖的，因此这种方法称为反例法。对于"所有天鹅都是白色的"这样一个说法的反例法证明，就是找出一只黑色的天鹅。数学的乐趣部分便来自于找出一个反例，以此证伪一个似乎将要成为定理的陈述。

如果找不出这样一个反例，我们可能会觉得这个陈述是正确的。接下来数学家不得不玩一个不同的游戏，那就是必须给出一个证明。而对此最直截了当的证明方法就是直接法。

**直接法** 在直接法中，我们根据已确立的或者假设的前提，经过一番逻辑严密的论证，最终得出结论。如果可以做到这点，我们就得到了一个定理。我们无法证明所有整数和自己相乘都得偶数，因为我们已经反驳了它。但我们仍然可以证明某些事情。在上面的例子中，第一个例子 6 和反例 9 之间的区别是，第一个数是偶数而第二个数是奇数。于是我们可以将假说稍作改动。一个新的陈述是：如果我们将一个偶数和自身相乘，那么结果必定是偶数。

首先，我们可以尝试以其他的数字为例，我们发现这个陈述每次都是正确的，我们找不出任何一个反例。现在改变方向，让我们尝试证明它！但如何开始呢？我们可以从一般的偶数 $n$ 开始，不过这看起来似乎有点抽象，那么我们不妨从具体数字开始，例如 6，看看证明大致是怎样的。众所周知，所有偶数都是 2 的倍数，$6=2×3$。由于 $6×6=6+6+6+6+6+6$，或者写

成另一种方式，$6×6=2×3+2×3+2×3+2×3 +2×3+2×3$，又或者利用括号改写为

$$6×6=2×(3+3+3+3+3+3)$$

这意味着 $6×6$ 是 2 的倍数，即它是一个偶数。但在这个论证过程中，6 并没有什么特殊之处，所以我们也可以从 $n=2×k$ 开始，得到

$$n×n=2×(k+k+\cdots+k)$$

进而得到结论 $n×n$ 是偶数。我们的证明就完成了。过去，像欧几里得等数学家，经常在证明的结尾处写上"QED"，表示证明完毕——这是拉丁语"quod erat demonstrandum"（这就是所需证明的）的缩写。而现在，他们会使用一个实心的正方形■。这被称为哈尔莫斯符号，是由数学家保罗·哈尔莫斯首先引入的。

**间接法**　在这种方法中，我们首先假设结论是错误的，然后通过逻辑论证证明这与前提相矛盾。让我们用这种方法来证明前面那个结论。

我们的前提是 $n$ 是偶数，而我们要假设 $n×n$ 是奇数。我们可以将其展开为 $n×n=n+n+\cdots+n$，总共有 $n$ 个 $n$。这意味着 $n$ 不能是偶数（因为如果它是偶数的话，$n×n$ 将是偶数）。因此，$n$ 是奇数，而这与前提相矛盾。■

以上是间接法的一个非常简单的形式。将间接法的威力发挥到极致的是所谓归谬法，古希腊人对这种方法情有独钟。在雅典学园中，苏格拉底和柏拉图喜欢通过将一个论点的相反观点推入自相矛盾的境地来证明他们想要证明的论点。关于 2 的平方根是无理数的经典证明便是以这种形式完成的（参见第 4 章）。它首先假设 2 的平方根是一个有理数，然后得出一个与之相矛盾的结果。

**数学归纳法**　数学归纳法是一种非常强大的证明方法，可用于证明一系列的陈述 $P_1, P_2, P_3, \cdots$ 都为真。这种方法由奥古斯都·德摩根于 19 世纪 30 年代加以总结，好几百年来，人们对此已经多有认知。这种特殊的方法（不要与科学归纳法相混淆）被广泛用于证明与整数相关的陈述。它在图论、数论以及计算机科学等也特别有用。举一个实用例子，考虑一下奇数相加的问题。例如，前三个奇数 $1+3+5$ 得 9，而前四个奇数 $1+3+5+7$ 得

16。可以看到 9 等于 $3\times3=3^2$，而 16 等于 $4\times4=4^2$，那么是否可以说前 $n$ 个奇数相加的结果等于 $n^2$ 呢？如果我们随机选一个数值 $n$，如 $n=7$，我们确实会发现前七个奇数相加 $1+3+5+7+9+11+13=49$，正好等于 $7^2$。但这个规律适用于所有的数值 $n$ 吗？我们如何能保证这点？这确实是一个问题，因为我们无法一个个地去检验无穷多的例子。

这正是数学归纳法的用武之地。可以说，它是一种多米诺骨牌式的证明方法。如果一只骨牌倒下，它会将下一个相邻的骨牌也撞倒。很明显，我们只要使得第一只骨牌倒下，那么所有的骨牌都会倒下。我们可以将这种思考方式运用到奇数相加问题上。陈述 $P_n$ 表明前 $n$ 个奇数相加的结果是 $n^2$。数学归纳法正是要建立起一连串的陈述 $P_1, P_2, P_3, \cdots$ 并证明它们都为真。陈述 $P_1$ 显然为真，因为 $1=1^2$。接下来，$P_2$ 也为真，因为 $1+3=1^2+3=2^2$，$P_3$ 也为真，因为 $1+3+5=2^2+5=3^2$，$P_4$ 也为真，因为 $1+3+5+7=3^2+7=4^2$。如此这般，我们用前一步的结果来得出下一个结果。这个过程可以被形式化，结果便是数学归纳法。

**证明的困难** 证明有各种各样的风格和规模。有的非常简洁明快，尤其是那些在教科书中出现的证明。而有些最近的研究，其证明细节可以占据一整期杂志的篇幅，甚至页数数以千计。对于这些证明，很少有人能够弄清它们的整个论证过程。

还有一些根本性问题存在争议。例如，当间接法中的归谬法被用于证明存在性问题时，少数数学家会对此不高兴。如果一个方程不存在解的假设最终导致了矛盾，这是否足以说明它存在解呢？这种证明方法的反对者声称，这其中的逻辑是诡辩的，它并不能实际告诉我们如何去构建一个具体的解。这些所谓"构造主义者"（程度不一）认为，要在数学中证明某样东西存在，就必须把它构造出来，而这种证明方法无法给出具有"数值意义"的解。他们对那些将归谬法作为数学军械库中核心武器的古典数学家不以为然。而另一方面，那些更加传统的数学家会说，如果禁止这种论证方法，这就意味着像将一只胳膊捆在背后工作一样，并且否认由这种间接法所证明的如此多结论，无疑将会使剩下的数学之毯看起来破旧不堪。

**盖棺定论**

# 18 集合

尼可拉·布尔巴基（Nicholas Bourbaki）是一群志同道合的法国数学家的笔名，他们想要以"正确的方式"将整个数学自下而上地重写一遍。他们大胆主张所有一切都应当基于集合论。公理化方法是其中的核心，他们所出版的书籍都是以"定义、定理和证明"的严谨风格撰写的。而这也是20世纪60年代的现代数学运动的主旨所在。

出于为实数理论奠定坚实基础的愿望，康托尔创立了集合论。尽管在开始时受到了不少偏见和批评，但到了 19 世纪和 20 世纪之交，集合论作为数学的一个分支被最终确立。

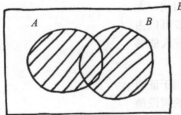

*A 和 B 的并集*

**什么是集合？** 集合可以被认为是一些对象的全体。这种说法虽然不正式，但可以让我们把握其精神。这些对象被称为集合的"元素"或"成员"。如果我们写出一个集合 $A$，它包含一个成员 $a$，沿用康托尔的做法，我们可以将其写为 $a \in A$。一个例子是 $A = \{1, 2, 3, 4, 5\}$，我们可以写出 $1 \in A$，表示其成员关系，以及 $6 \notin A$，表示其非成员关系。

集合可以通过两种重要的方式组合。如果 $A$ 和 $B$ 是两个集合，那么由 $A$ 中的元素或 $B$ 中的元素（或同时属于二者的元素）组成的集合称为这两个集合的并集，记为 $A \cup B$。它也可以表示为韦恩图，后者以维多利亚时代的逻辑学家约翰·韦恩的名字命名。而欧拉在更早的时候也使用过类似的图表表示。

集合 $A \cap B$ 由同时属于集合 $A$ 和集合 $B$ 的元素组成，称为这两个集合的交集。

## 大事年表

| 公元 1872 年 | 1881 年 |
|---|---|
| 康托尔迈出了创立集合论的试探性一步 | 韦恩让"韦恩图"得以普及 |

如果 $A=\{1, 2, 3, 4, 5\}$，并且 $B=\{1, 3, 5, 7, 10, 21\}$，那么并集 $A\cup B=$ $\{1, 2, 3, 4, 5, 7, 10, 21\}$，交集 $A\cap B=\{1, 3, 5\}$。如果把 $A$ 看作全集 $E$ 的一部分，那么我们可以定义补集 $\neg A$，它由属于 $E$ 但不属于 $A$ 的元素组成。

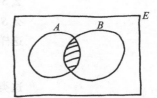

*A* 和 *B* 的交集

作用于集合的运算符 $\cup$ 和 $\cap$ 类似于代数中的 $\times$ 和 $+$ 运算符。另外加上求补运算符 $\neg$，我们便可以进行"集合代数"。印度出生的英国数学家奥古斯都·德摩根，用公式表示出了这三种运算符一起使用时的运算法则。使用我们现代的符号，德摩根的法则是

$$\neg (A\cup B)=(\neg A) \cap (\neg B)$$

$$\neg (A\cap B)=(\neg A) \cup (\neg B)$$

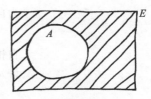

*A* 的补集

**悖论** 在处理有限集时并不会出现什么问题，因为我们可以列出它们的所有元素，例如 $A=\{1, 2, 3, 4, 5\}$。但在康托尔的年代，无限集对他们来说更具挑战。

康托尔将集合定义为具有特定属性的元素的全体。考虑集合 $\{11, 12, 13, 14, 15, \cdots\}$，所有大于 10 的整数。这个集合是无限的，所以我们不可能将它的所有元素都写下来，但我们仍然可以对它加以描述，因为它的所有元素都有一个共同的属性。沿用康托尔的做法，我们将其写为 $A=\{x\colon x$ 是大于 10 的整数 $\}$，其中冒号表示"使得"。

在原始的集合论里，我们也可以有一个抽象事物的集合，比如 $A=\{x\colon x$ 是一个抽象事物 $\}$。在这种情况下，$A$ 本身就是一个抽象事物，因此，可能有 $A\in A$。然而，如果允许这种关系存在的话，会产生出一些严重问题。英国哲学家伯特兰·罗素偶然间想到了这样一个集合：集合 $S$ 是由所有不包含它们自身的事物所组成的集合。用符号表示为 $S=\{x\colon x\notin x\}$。

然后他问了这样一个问题："$S\in S$ 吗？"如果答案是"属于"的话，那

**1931 年**

哥德尔证明了任何公理化形式系统都包含不可判定的陈述

**1939 年**

布尔巴基的笔名首次被一群法国数学家使用

**1964 年**

科恩证明了连续统假设的独立性

么 $S$ 是 $S$ 的元素，因此 $S \notin S$。另一方面，如果答案是"不属于"的话，那么 $S \notin S$，恰好满足 $S=\{x: x \notin x\}$ 的定义，因此 $S \in S$。罗素的问题最终得出了这样一个陈述（罗素悖论）：

$$S \in S \text{ 当且仅当 } S \notin S$$

这类似于"理发师悖论"。一个乡村理发师对当地居民宣称，他只为那些不为自己理发的人理发。问题产生了：他是否该为自己理发？如果他不为自己理发的话，则他应该为自己理发。如果他为自己理发的话，他又不应该为自己理发。

这样的悖论是必须要避免的。对于数学家来说，系统中绝对不允许出现自相矛盾。为此，罗素提出了类型论，仅当 $a$ 属于比 $A$ 更低的类型时，才允许 $a \in A$，由此可以避免 $S \in S$ 这样的表示法。

另一种避免自相矛盾的方法是将集合论形式化。在这种方法中，我们并不担心集合本身的性质，但要列出形式化的公理来指定处理它们的规则。希腊人在处理他们遇到的问题时就使用类似的方法——他们不需要解释什么是直线，而仅仅需要说明如何对待它们。

而在集合论的例子里，这促成了策梅罗-弗兰克尔（Zermelo-Fraenkel）公理的提出，这些公理防止了过于"庞大"的集合出现在他们的系统中。诸如所有集合的集合这样的危险事物就被排除在外了。

**哥德尔定理**　奥地利数学家库尔特·哥德尔则给了那些试图使公理化系统免于悖论侵扰的人一记当头棒喝。1931 年，哥德尔证明了，即使对于最简单的形式系统，仍然存在这样的陈述，它们的真假无法在这些系统中推导出来。非正式地说，存在系统中的公理力所不及的陈述。它们是不可判定的陈述。出于这个原因，哥德尔定理又被称为"不完备性定理"。策梅罗-弗兰克尔系统也不例外。

**基数**　集合中的元素个数可以很容易地被数出来，例如 $A=\{1, 2, 3, 4, 5\}$ 有 5 个元素，因此我们称它的"基数"为 5，记为 card$(A)=5$。不严格地说，基数用于度量一个集合的"大小"。

根据康托尔的集合论，分数集 $Q$ 和实数集 $R$ 大不相同。集合 $Q$ 可以表示为一个列表，而集合 $R$ 则不行（见第 7 章）。尽管这两个集合都是无穷大的，集合 $R$ 却比集合 $Q$ 有着更高阶的无穷大。数学家将 card($Q$) 记为希伯来字母 $\aleph_0$，而 card($R$)=$c$。由此看来，$\aleph_0 < c$。

**连续统假设**　康托尔在 1878 年提出了连续统假设。这个假设说的是，比 $Q$ 的无穷大更高一阶的无穷大是 $R$ 的无穷大。换句话说，连续统假设声称，不存在这样一个集合，它的基数严格介于 $\aleph_0$ 和 $c$ 之间。尽管康托尔相信这个假设是成立的，但他不论如何努力，都无法将其证明。而如果想要将它证伪，则需要找到一个 $R$ 的子集 $\chi$，使得 $\aleph_0 <$card( $\chi$ )$<c$，但他同样做不到这一点。

这个问题是如此重要，以至于 1900 年，德国数学家大卫·希尔伯特在巴黎的国际数学家大会上，把这个问题放在了他那著名的 20 世纪待解决的 23 个重大问题的名单的头名。

哥德尔坚信这个假设是错误的，但他没有能够证明它。不过他在 1938 年确实证明了，这个假设与策梅罗-弗兰克尔公理是相容的。四分之一个世纪后，保罗·科恩证明了该假设无法从策梅罗-弗兰克尔公理推导出来。这让哥德尔和逻辑学家都大感震惊，因为这等同于证明了这些公理与该假设的否命题也是相容的。结合哥德尔 1938 年的结论，科恩证明了连续统假设与集合论中的其他公理之间是彼此独立的。

这个情况本质上和几何中的平行公设与其他欧几里得公理相互独立（见第 27 章）非常类似。而后者的发现导致了非欧几何的大力发展，由此得到成果之一便是爱因斯坦相对论的发展。类似地，连续统假设可以在不影响其他集合论公理的情况下被接受或否定。在科恩的创举之后，一个全新的领域被开辟出来，吸引了随后一代代的数学家，而他们使用的正是科恩证明连续统假设时所使用的技术。

多视为一

# 19 微积分

**calculus是指一种演算方法，所以数学家有时也会说"逻辑演算"（calculus of logic）或"概率演算"（calculus of probability）等。但毋庸置疑，只有一种Calculus，没有任何修饰，也就是微积分。**

微积分是数学中的一块核心构成。它的应用如此之广，我们难以想像某个科学家、工程师或是计量经济学家会不曾使用过微积分。微积分的发现与艾萨克·牛顿和戈特弗里德·莱布尼茨这两位 17 世纪的先驱密不可分。他们相似的理论引发了一场关于谁是微积分发现者的争论。事实上，这两个人是彼此独立地得到了各自的结论，而且他们所使用的方法也相去甚远。

从那以后，微积分已经成为一门庞大的学科。每一代的数学家都在其中添加了他们认为后代应该学习的技术，因此，现在的微积分教科书已经厚达上千页。但对于所有这些增补，其核心内容仍是微分和积分，由牛顿和莱布尼茨建立起来的微积分的双子峰。

用技术语言来说，微分涉及测量"变化"，而积分涉及测量"面积"，但微积分王冠上的明珠是这样一个关键发现，即它们其实是同一枚硬币的两面——微分和积分是互逆的过程。微积分确实是一门学科，而你需要了解它的一体两面。难怪在吉尔伯特和沙利文的歌剧《彭赞斯的海盗》中，"现代少将的真正楷模"会自豪地声称：

> ［我满肚子是］关于斜边的平方的许多有趣事实。
> 我非常擅长积分和微分；

**微分** 科学家喜欢进行"思想实验"——爱因斯坦尤为喜欢它们。设

## 大事年表

| 约公元前 450 年 | 17 世纪 60 年代至 70 年代 |
|---|---|
| 芝诺通过悖论取笑了无穷小的概念 | 牛顿和莱布尼茨迈出了微积分的第一步 |

想我们站在峡谷上空的一座桥上，并丢下一块石头，那会发生什么呢？思想实验的好处在于，我们不必真的亲自站在那里。我们还可以完成一些不可能的事情，例如在半空中让石头停下来，或者在一段很短的时间间隔里以慢镜头的方式观察它。

　　根据牛顿的万有引力定律，石头会直落下去。这没有什么值得惊奇的，受到地球的吸引，石头下落的速度会随着秒表上指针的转动而变得越来越快。思想实验的另一个好处是我们可以忽略掉像空气阻力这样添乱的因素。

　　在一个给定的时刻，例如当石头被释放后秒表的精确读数为 3 秒时，石头下落的速度是多少？我们如何将它计算出来？我们当然可以测量出**平均**速度，但现在的问题是要测量**瞬时**速度。鉴于这是一个思想实验，我们为什么不让石头在半空中停下来，然后让它在接下来一段很短的时间里再下降一小段距离呢？如果我们将这段额外的距离除以额外的时间，我们将得到石头在这个时间间隔内的平均速度。通过使得这段时间间隔越来越短，这个平均速度将越来越接近我们让石头停下来的那一刻的瞬时速度。这个极限的过程便是微积分背后的基本思想。

　　我们也许不禁想尝试使得石头下降的这段额外时间为 0。但这样在我们的思想实验中，石块根本就没有动过。它没有移动任何的距离，也没有耗费掉任何的时间！因此，它给了我们一个 0/0 的平均速度，爱尔兰哲学家贝克莱主教便把这称为"逝去量的鬼魂"。这个表达式的值无法确定——实际上，它是**毫无意义的**。照这条路走下去的话，我们会被带入数字的沼泽中。

　　要想走得更远，我们需要一些符号。将下降的距离 $y$ 和所耗费的时间 $x$ 联系起来的精确公式是由伽利略得出的：

$$y = 16 \times x^2$$

因数之所以是"16"，是因为这里使用了英尺和秒作为单位。如果我们想要知道石头在 3 秒内下降的距离，我们只需要将 $x=3$ 代入上边那个公式中，

| 1734 年 | 19 世纪 20 年代 | 1854 年 | 1902 年 |
|---|---|---|---|
| 贝克莱注意到了该理论根基上的弱点 | 柯西以一种更加严谨的方式将该理论形式化 | 黎曼提出了黎曼积分 | 勒贝格提出了勒贝格积分的理论 |

得出的答案为 $y=16\times 3^2=144$ 英尺。但我们如何能计算出石头在 $x=3$ 那一刻的速度呢？

让我们将这段时间增加 0.5 秒，看一下石头在 3 秒到 3.5 秒之间经过了多长的距离。在 3.5 秒时，石头经过的距离为 $y=16\times 3.5^2=196$ 英尺，因此，在 3 秒到 3.5 秒之间，石头下降的距离为 196-144=52 英尺。由于速度是距离除以时间，因此这段时间间隔内石头的平均速度为 52/0.5=104 英尺 / 秒。这个值接近于 $x=3$ 那一刻的瞬时速度，但你会说 0.5 秒并不是一个足够小的量。使用一个更短的时间间隔，例如 0.05 秒，重复以上过程，我们可以得到下降的距离为 148.84-144=4.84 英尺，平均速度为 4.84/0.05 =96.8 英尺 / 秒。这确实与石头在 $x=3$ 的瞬时速度更接近了。

现在，我们必须直面计算石头在 $x$ 秒和稍后的 $x+h$ 秒之间的平均速度的问题。经过少许推导，我们可以得到结果

$$16\times(2x)+16\times h$$

随着令 $h$ 越来越小，就像我们从 0.5 变为 0.05 一样，我们发现其中第一项是不受影响的（因为它不涉及 $h$），而第二项会变得越来越小。由此，我们得出结论

$$v=16\times(2x)$$

其中 $v$ 是石头在 $x$ 时刻的瞬时速度。例如，石头在 1 秒后（$x=1$）的瞬时速度为 $16\times(2\times 1)=32$ 英尺 / 秒，而在 3 秒后的瞬时速度为 $16\times(2\times 3)=96$ 英尺 / 秒。

如果我们将伽利略的距离公式 $y=16\times x^2$ 与这个速度公式 $v=16\times(2x)$ 相比较，我们发现其本质的区别是 $x^2$ 变成了 $2x$。这实际上是微分的作用，由 $u=x^2$ 得到 $\dot{u}=2x$。牛顿将 $\dot{u}=2x$ 称作"流数"，而将变量 $x$ 称作"流"，因为他是以流动的量的方式来思考的。在今天，我们通常把 $u=x^2$ 的导数写为 $du/dx=2x$。这种记法最初由莱布尼茨引入，而我们沿用它也表明莱布尼茨的"d"主义胜过了牛顿的"点统治"（dotage）。

| $u$ | $du/dx$ |
|---|---|
| $x^2$ | $2x$ |
| $x^3$ | $3x^2$ |
| $x^4$ | $4x^3$ |
| $x^5$ | $5x^4$ |
| ... | ... |
| $x^n$ | $nx^{n-1}$ |

下落的石头仅仅是一个例子，如果 $u$ 用来表示其他的意义，我们同样可以计算导数，得出许多有用的结论。幂函数的导数有一个模式：原来的指数乘以将它减 1 作为新的指数的幂函数。

**积分** 积分的首要应用是计算面积。要计算一条曲线下方的面积，可以先将它划分为若干近似于矩形的条带，每个条带的宽度为 d$x$。通过计算每个条带的面积，并将它们加起来，我们可以得到"总和"，从而知道总的面积。莱布尼茨首先引入了将表示总和（sum）的 $S$ 拉长的符号 $\int$。每个矩形条带的面积是 $u\mathrm{d}x$，因此曲线下方 0 到 $x$ 之间的面积 $A$ 为

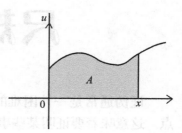

$$A = \int_0^x u\mathrm{d}x$$

如果我们所讨论的曲线是 $u=x^2$，那么其面积是通过将曲线下方区域划分为若干矩形条带，并将其加起来计算出近似面积，然后利用一个对于条带宽度的极限过程得出的。最终的答案是

$$A = x^3/3$$

对于不同的曲线（即 $u$ 的其他不同表达式），我们仍然可以计算积分。就像导数一样，幂函数的积分也有一个通用的模式：将原来的指数加 1 作为新的指数的幂函数除以"原来的指数 +1"。

| $u$ | $\int_0^x u\mathrm{d}x$ |
|---|---|
| $x^2$ | $x^3/3$ |
| $x^3$ | $x^4/4$ |
| $x^4$ | $x^5/5$ |
| $x^5$ | $x^6/6$ |
| … | … |
| $x^n$ | $x^{n+1}/(n+1)$ |

**关键发现** 如果我们对积分 $A=x^3/3$ 求微分，将得到原来的 $u=x^2$。如果我们对导数 $\mathrm{d}u/\mathrm{d}x=2x$ 进行积分，同样得到了原来的 $u=x^2$。微分是积分的逆过程，这是我们所熟知的微积分基本定理，也是所有数学中最重要的定理之一。

如果没有微积分，就不会有轨道上的人造卫星，也不会有计量经济学理论，而统计学也会变成一个截然不同的学科。在涉及变化的地方，我们总会发现微积分的身影。

# 趋于极限

# 20 尺规作图

证伪通常是一件困难的事情，但数学中一些最伟大的胜利恰恰就是做到了这一点。这意味着要证明某些事情是不可能做到的。化圆为方是不可能的，但我们如何证明这一点？

古希腊人有四个非常重要的作图难题：

☐ 三等分角（将一个角划分为三个相等的较小的角）；
☐ 倍立方（作出另一个立方体，其体积是第一个立方体的两倍）；
☐ 化圆为方（作出一个正方形，其面积等于某个特定的圆）；
☐ 作正多边形（作出具有相等边长和内角的正多边形）。

为完成这些任务，他们只能使用最基本的工具：

☐ 一根直尺，用来画直线（而且绝对不允许用来测量长度）；
☐ 一副圆规，用来画圆。

如果你喜欢不带绳索、氧气瓶、手机和其他随身用具，孤身去爬山，你无疑会遇到很多问题。没有任何现代测量设备的帮助，那些用于证明这些结论的数学技术都是很复杂的。直到 19 世纪，经典的尺规作图问题才通过现代数学分析和抽象代数这些技术的帮助得以解决。

**三等分角** 有一种方法可以把一个角划分为两个相等的更小的角，即二等分角。首先，将圆规圆心定在 $O$ 点，然后以任意半径作圆，在角的两条边上截出线段 $OA$ 和 $OB$。将圆规的圆心移到 $A$ 点，作一段圆

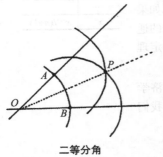

二等分角

## 大事年表

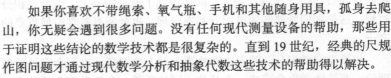

| 公元前 450 年 | 公元 1672 年 |
|---|---|
| 阿那克萨哥拉（Anaxagoras）在牢狱中对化圆为方进行了尝试 | 莫尔证明所有的欧几里得作图都可以仅仅通过圆规来完成 |

弧。然后对 B 作同样的动作。标出两段圆弧的交点 P，并用直尺连接点 O 和点 P。三角形 AOP 和 BOP 是一对形状完全相同的三角形，因此角 AOP 和角 BOP 相等。直线 OP 便是所求的二等分线，将该角二等分。

那我们可以通过一系列类似的动作将任意一个角三等分吗？这便是三等分角的问题。

如果这个角是 90 度，即直角，那不会有任何问题，因为 30 度角可以被作出来。但如果是一个 60 度的角，则我们无法将它三等分。我们知道答案是 20 度，但没有任何方法可以仅仅通过一根直尺和一副圆规将它作出来。因此，我们可以总结出如下结论：

☐ 你随时都可以将任意角二等分；
☐ 你随时都可以将某些角三等分；
☐ 你永远都不可能将某些角三等分。

倍立方也是一个类似的问题，该问题也被称为提洛问题。这其中有一个传说：希腊提洛岛上的居民在遭受瘟疫时，向阿波罗求助，而他们被告知要建造一个体积为现在祭坛两倍的新祭坛。

试想提洛岛的祭坛原本是一个立方体，所有的边长都为 a。因此，他们需要建造一个边长为 b 且体积为该立方体两倍的新立方体。它们的体积分别为 $a^3$ 和 $b^3$，并且满足如下关系：$b^3=2a^3$，或 $b=\sqrt[3]{2}\times a$。如果原立方体的边长 a=1，则提洛岛的居民需要在一条直线上划出 $\sqrt[3]{2}$ 的长度。但不幸的是，即使你绞尽脑汁，也不可能仅仅通过一根直尺和一副圆规做到这一点。

**化圆为方** 这个问题有点不同，而且它也是所有作图问题中最著名的一个：

作出一个正方形，它的面积与一个给定的圆的面积相等。

代数方程 $x^2-2=0$ 具有两个根：$x=\sqrt{2}$ 及 $x=-\sqrt{2}$。它们都是无

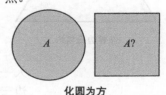

化圆为方

1801 年 | 1837 年 | 1882 年

高斯出版了《论算术》（Discourse on Arithmetic），有一节提到了如何通过直尺和圆规作出一个正十七边形

旺策尔（Wantzel）证明了经典的倍立方和三等分角的作图问题无法通过直尺和圆规来完成

林德曼证明了化圆为方是不可能做到的

理数（它们无法写成分数的形式），但要证明化圆为方是不可能做到的就相当于要证明 π 不可能是任何代数方程的根。具有这个性质的无理数被称为超越数，因为相对于它们的无理数表兄弟，如 $\sqrt{2}$，这些数具有更"高阶"的无理性。

数学家普遍相信 π 是超越的，但这个"千古之谜"一直很难证明，直到林德曼对埃尔米特所开创的一种技术做了一些修改，才完成了该证明。埃尔米特曾经使用该技术解决了另一个稍微次要些的问题——证明自然对数的底 $e$ 是超越数（见第 6 章）。

在林德曼的结论发表后，我们或许会认为化圆为方这个问题就此画上了句号。然而事实并非如此。仍然有人在孜孜不倦地钻研这个问题，他们要么不愿意接受该证明的逻辑，要么根本没听说过该证明。

**作正多边形** 欧几里得提出了如何作出一个正多边形的问题。正多边形，例如正方形或正五边形，它的所有边都相等，并且相邻边所形成的夹角也都相等。欧几里得在他的《几何原本》第 4 卷中，向我们展示了如何利用那两个基本工具作出具有三、四、五及六条边的正多边形。

具有三条边的正多边形是我们通常所说的等边三角形，它的作图方式也是最简单的。首先，无论你所希望作出的等边三角形边长是多少，你只需要将这个距离的两端分别标为点 $A$ 和点 $B$。将圆规圆心定在点 $A$，并画出一段半径等于 $AB$ 的圆弧。然后将圆心置于点 $B$，使用同样的半径重复以上过程。这两段圆弧相交于点 $P$。由于 $AP=AB$，$BP=AB$，因此三角形 $APB$ 的三条边长度是相等的。最后用直尺连接 $AB$、$AP$ 和 $BP$，便完成了该等边三角形的作图。

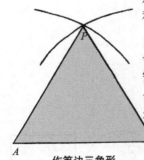

作等边三角形

如果你认为拥有一把直尺也是一种奢侈，那么你并不是唯一这么想的人——17 世纪的丹麦数学家格奥尔·莫尔（Georg Mohr）也这么认为。等边三角形是通过寻找点 $P$ 作出来的，而要实现这一点仅仅需要圆规就够了——直尺仅仅是用来将这些点物理地连接起来。莫尔证明了，任何通过直尺和圆规完成的作图都可以仅仅通过圆规来完成。意大利人洛伦佐·马斯凯罗尼（Lorenzo Mascheroni）在 125 年之后证明了相同的结论。1797 年，他将

《圆规的几何学》（*La geometria del compasso*）一书献给了拿破仑。此书的一个新颖之处在于，它是以韵文方式写的。

对于作正多边形问题的一般化的讨论，具有 $p$ 条边（$p$ 为质数）的正多边形尤为重要。我们已经作出了正三角形，欧几里得也作出了正五边形，但他无法作出正七边形。当时仅 17 岁的卡尔·弗雷德里希·高斯研究了这个问题，并通过证明给出了否定的结论。他推导得出，不可能作出 $p$=7，11 或 13 的正多边形。

不过，高斯也得出了一个肯定的结论：作出正十七边形是完全可能的。实际上，高斯研究得更深入，他证明了正 $p$ 边形是可以被作出来的，当且仅当质数 $p$ 满足如下形式

$$p = 2^{2^n} + 1$$

满足这个形式的数被称为费马数。如果我们检验一下 $n$=0，1，2，3 及 4，则可以发现它们分别对应质数 $p$=3，5，17，257 以及 65 537，它们都对应着可被作出的正多边形。

如果我们尝试 $n$=5，则该费马数为 $p=2^{32}+1$=4 294 967 297。费马猜测所有费马数都是质数，但不幸的是，这个数并不是质数，因为 4 294 967 297 =641×6 700 417。如果我们将 $n$=6 或 7 代入此公式，得到的将是非常庞大的费马数。然而，和 $n$=5 时的费马数一样，它们也都不是质数。

是否还存在其他的费马质数？人们的普遍共识是不存在，但没有人可以确信。

# 用一把直尺和一副圆规

# 21 三角形

**三角形最明显的特征就是有三条边和三个角。三角学则是我们用来"度量三角形"（包括角的度数、边的长度或包含的面积等）的理论。这个形状是最简单的图形之一，却有着持久的魅力。**

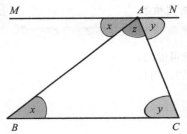

**三角形的故事** 有一个简洁的论证可以表明，任意三角形的三个角之和是两个直角，即 180 度。对于任意三角形，通过顶点 A 都可以画出如左图所示的与底边 BC 相平行的直线 MAN。

角 ABC 的度数（令其为 x）与角 BAM 的度数相等，因为它们是同位角且 MN 和 BC 互相平行。另外两个同位角都等于 y。角 MAN 等于 180 度（360 度的一半），正好等于 x+y+z，即三角形内角之和。QED（"证毕"，欧几里得在自己的证明最后都会写上这个）。当然，我们假设三角形都是画在平面上的，比如这张纸。画在球面上的三角内形角之和加起来并不等于 180 度，但这是另一个故事了。

欧几里得证明了很多关于三角形的定理，而且总是确保证明都是严格推理而来的。比如，他证明了任意三角形中的两边之和必大于第三边。现在，这个定理叫做"三角形不等式"，在抽象数学中很重要。伊壁鸠鲁派的哲学家，根据其务实的生活态度，则声称这个事实不需要证明，因为即使对于一头驴来说，这个事实也是显而易见的。他们争辩道：将一捆干草放在一个顶点上，将驴放在另一个顶点上，驴肯定不会为了这顿美餐去选择走两条边的折线线路。

**毕达哥拉斯定理（勾股定理）** 最伟大的三角形理论当属毕达哥拉斯定理，

## 大事年表

| 公元前 1850 年 | 公元 1335 年 |
| --- | --- |
| 巴比伦人已经知道了"毕达哥拉斯定理" | 沃灵福德的理查德（Richard of Wallingford）写了一部关于三角学的开创性著作 |

它在现代数学中依然至关重要——不过, 是否是毕达哥拉斯首先发现这个定理仍存在一些争议。对于该定理最著名的表达式是代数式 $a^2+b^2=c^2$, 但欧几里得当初是以正方形的方式给出了这一定理: "在直角三角形中, 直角所对的边上的正方形等于夹直角两边上的正方形的和。"

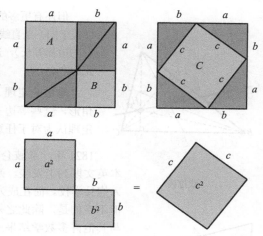

欧几里得在《几何原本》第 1 卷的命题 47 中给出了该证明。这个证明过程及其应用也成为后边许多代学生的一个焦虑来源。这一定理总共有几百种以上的证明, 但 12 世纪婆什迦罗的思路后来证明比公元前 300 年欧几里得的证明更受欢迎。

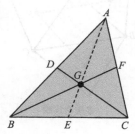

这是一个 "无字证明"。右图上方边 $a+b$ 组成的正方形可以有两种不同的分割方式。

由于两个正方形各有四个全等三角形 (深色所示), 所以去除这部分面积后的面积仍然相等。而如果我们看一下余下形状的面积, 就可以得出我们熟悉的表达式:

$$a^2+b^2=c^2$$

**欧拉线** 关于三角形可能有几百种命题。这里, 让我们考虑一下每条边的中点。在任意三角形 ABC 中, 我们用 D、E、F 标记每条边的中点。连接 BF 和 CD 并将它们的交点记为 G。然后连接 AE。这条线是不是也经过点 G 呢? 这并不是一件显而易见、无需证明的事情。事实上, 它确实会穿过点 G, 而该点被称为三角形的**重心**。

一个三角形中可以有上百种不同的 "心"。另一个是垂线 (通过顶点且垂直于底边的直线——如下页图中的虚线所示) 的交点 H。这个点被称为**垂心**。还有一个被称为外心的点 O, 它是经过点 D、E、F 的垂线 (没有画出来) 的交点, 这是经过 A、B、C 三点所画的圆的圆心。

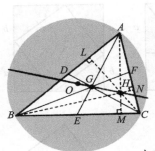

**欧拉线**

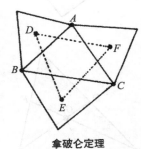

**拿破仑定理**

但还有更多的结论。在任意三角形 ABC 中，质心 G、垂心 H 和外心 O 位于同一条直线上，这条直线被称为**欧拉线**。在一个等边三角形中（所有的边都等长），这些点重合为一个点。毫无疑问，这个点是此三角形真正的中心。

**拿破仑定理**　对于任意三角形 ABC，以它的三条边向外作等边三角形，这些等边三角形的中心可以构成一个新的三角形 DEF。拿破仑定理认为对于任意三角形 ABC，三角形 DEF 必然是一个等边三角形。

1821 年，拿破仑在圣赫勒拿岛去世。几年后的 1825 年，该定理在一本英文期刊上发表。毫无疑问，拿破仑在数学方面的才华曾帮助他当初进入炮兵学校。而在成为皇帝之后，他也有机会结识法国很多顶尖的数学家。但不幸的是，除此之外，我们没有更多的证据，所以很有可能拿破仑理论与其他许多数学结果一样，是让一个对这个理论的发现和证明几乎没有任何贡献的人挂了名。事实上，这个理论后来又被很多次地重新发现和扩展。

知道一条边的长度和两个角的度数，我们就知道了确定一个三角形的关键数据。通过三角学，我们可以算出其他的所有数据。

在使用三角测量绘制地图时，为了方便起见，通常假设大地是平坦的，因而三角形是在平面上。为了建立一个三角形网络，可以从一条已知长度的基线 BC 开始，选择远处的一个点 A（三角测量点），用经纬仪测出角 ABC 和 ACB。根据三角学，可以知道关于三角形 ABC 的一切数据。然后，测量员继续测量，为新的基线 AB 或 AC 固定下一个三角测量点，并重复该操作，最终建立起一个三角形网络。这个方法可以用来绘制野外的地图，特别是包括像沼泽、泥塘、流沙和河流等自然障碍的地区。

这一方法成为印度大三角测量的基础。项目从 19 世纪初开始一直持续了 40 年，目的是为从南部的科摩林角到北部的喜马拉雅山脉之间的子午弧（长约 2400 公里）进行勘测和绘图。为了最大程度地保证测量角度的准确性，乔治·埃佛勒斯从伦敦定做了两个巨大的经纬仪。这两个经纬仪共重一吨，需要由多组人（每组 12 个人）来移动。得到精确的角的度数是其中的关键。测量的准确性至关重要，也是被谈论最多的，但不起眼的三角形才是整个操作的核心。维多利亚时代的人们需要在没有 GPS 的条件下进行这项工作，不

## 建筑中使用三角形

三角形在建筑中是必不可少的。它在建筑（以及测量）中的用途和威力有赖于这样一个事实——三角形不会变形。你可以把一个正方形或者长方形挤压变形，但三角形绝对不会。建筑中用的桁架就是把三角形连在了一起，我们可以在屋顶中看到这些构件。对此的一个改进出现在了桥梁建设中。

华伦式桁架可以承受比其自重重很多的负载。1848 年，詹姆斯·华伦申请了这个专利。两年后，伦敦桥站第一次使用这种方式建筑了一座桥梁。这种基于等边三角形的设计被证明要比基于等腰三角形（只有两条边长度相等）的类似设计更加可靠。

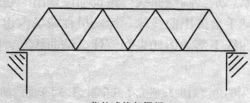

**华伦式桁架梁桥**

过他们倒是拥有"计算机"（computer）——人类计算员。一旦三角形的所有边长都被计算出来，面积的计算就变得简单明了。计算一个三角形的面积 $A$ 有很多计算公式，其中最著名的是海伦公式：

$$A=\sqrt{s\times(s-a)\times(s-b)\times(s-c)}$$

这个公式可以应用于任意三角形，我们甚至不需要知道任何一个角的度数。符号 $s$ 代表边长分别为 $a$、$b$、$c$ 的三角形周长的一半。比如，一个三角形的三边长度分别为 13、14 和 15，周长就是 13+14+15=42，因此 $s=21$。将它们代入上面的式子，最终得到 $A=\sqrt{21\times8\times7\times6}=\sqrt{7056}=84$。

无论对于玩耍简单图形的孩子，还是整日钻研抽象数学中的三角形不等式的研究人员，三角形都是一个非常熟悉的对象。三角学是进行三角形计算的基础，而正弦、余弦和正切函数是用于描述三角形的工具，使得我们可以在实际应用中进行准确的计算。三角形已经得到了很多的关注，但令人惊奇的是，对于这个由三条边构成的如此基本图形，仍然有很多理论等待我们去发现。

# 一个关于三条边的故事

# 22 曲线

画一条曲线是一件很容易的事情。艺术家总是会画些曲线。建筑师设计出的建筑物会呈现出月牙形或一些更现代的曲线。棒球手会掷出曲线球。运动员在球场内也会沿着曲线奔跑。当他们射门时，球也会沿着曲线下落。但如果问"什么是曲线"，回答可能并不那么容易。

数学家已经从许多不同的角度对曲线研究了几个世纪。对于曲线的研究开始于古希腊的数学家，他们所研究的曲线现在被称为"经典"曲线。

**经典曲线**　经典曲线王国中的第一家庭是"圆锥曲线"。这些曲线包含圆、椭圆、抛物线和双曲线。将两个圆锥连在一起，其中一个倒立在另一个上面，便形成了双锥，这些圆锥曲线都可以在这个双锥上被构造出来。用一个平面去切割这个双锥，根据该平面与圆锥垂直轴间的角度不同，其相交的部分会呈现出圆、椭圆、抛物线或双曲线的形状。

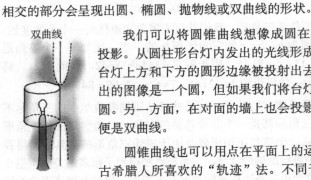

圆
椭圆
抛物线
双曲线
圆锥曲线

我们可以将圆锥曲线想像成圆在屏幕上的不同方式投影。从圆柱形台灯内发出的光线形成了一个双锥，使得台灯上方和下方的圆形边缘被投射出去。在天花板上投影出的图像是一个圆，但如果我们将台灯倾斜，圆会变成椭圆。另一方面，在对面的墙上也会投影出两部分曲线，这便是双曲线。

圆锥曲线也可以用点在平面上的运动来描述。这便是古希腊人所喜欢的"轨迹"法。不同于投影的定义方式，

**大事年表**

| 约公元前 300 年 | 约公元前 250 年 | 约公元前 225 年 |
| --- | --- | --- |
| 欧几里得定义了圆锥曲线 | 阿基米德对螺线进行了研究 | 阿波罗尼奥斯（Apollonius of Perga）出版了《圆锥曲线论》 |

该方法涉及距离。如果一个动点到另一个定点的距离为定值，那么其轨迹为圆。如果一个动点到两个定点（焦点）的距离之和为定值，那么其轨迹是一个椭圆（如果两个焦点重合，则椭圆变为圆）。椭圆是行星运动的关键。1609 年，德国天文学家开普勒宣称所有围绕太阳运动的行星，其轨迹都是椭圆，这打破了古老的圆形轨道说。

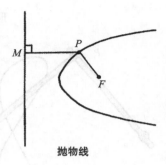

**抛物线**

　　如果一个动点距一个定点（焦点 $F$）的距离与其距一条给定直线（准线）的距离相同，其运动轨迹就不像前面那两个显而易见了。事实上，该点的运动轨迹是抛物线。抛物线具有很多非常有用的性质。如果在焦点 $F$ 上放置一个点光源，其射出的光线将都与 $PM$ 平行。另一方面，如果卫星发射出的电视信号射到抛物线形状的接收天线上，它们会汇聚在焦点上，然后输送给电视机。

　　如果将一根棍子绕某一点转动，棍子上所有点的运动轨迹都将是圆。但如果一个点在转动的同时沿棍子运动，那么它的运动轨迹是螺线。毕达哥拉斯学派十分喜爱螺线，后来的达·芬奇曾花费 10 年时间来研究它们的不同种类，而笛卡儿也写过一篇关于它们的论文。对数螺线也被称为等角螺线，因为每一点的半径和切线的夹角都是相同的。

**对数螺线**

　　雅各布·伯努利是享有誉盛的瑞士数学家族中的一员。他对对数螺线如此迷恋，在生前就嘱咐家人要将该曲线刻在自己的墓碑上。"文艺复兴式人物"、17 世纪瑞典科学家埃马努埃尔·斯韦登堡（Emanuel Swedenborg）则将螺线看作最完美的形状。围绕一个圆柱体进行自身旋转的三维螺线被称为螺旋。DNA 的主体结构便是两条这样的曲线——双螺旋。

　　经典曲线还有很多种，例如蜗线、双纽线以及各种卵形线等。心

| 公元 1704 年 | 1890 年 | 20 世纪 20 年代 |
|---|---|---|
| 牛顿对三次曲线进行了分类 | 皮亚诺证明了一个实心的正方形是一条曲线（空间填充曲线） | 门格尔和乌雷松将曲线定义为拓扑学的一部分 |

形线得名于其类似心脏的形状。悬链线曾是 18 世纪的一个研究课题，它被认为是悬挂在两点之间的绳子呈现出的曲线。悬挂在吊桥两个塔架之间的悬索形状便是悬链线。

19 世纪曲线研究的一个课题是由机械杠杆生成的曲线。这类问题是苏格兰工程师詹姆斯·瓦特所解决问题的延伸。瓦特曾经设计出一个连杆系统，从而将圆周运动转化为直线运动。在蒸汽时代，这是一个意义深远的进步。

三杆系统

这类机械工具的一个最简单形式是三杆系统。将这些杆的末端连接在一起，无论连杆 PQ 以何种方式运动，其上每一点的运动轨迹都将是一条六次曲线。

**代数曲线** 笛卡儿引入了 $x$、$y$、$z$ 坐标，为几何带来了一场革命，笛卡儿坐标系也因此得名。在笛卡儿坐标系中，可以将圆锥曲线作为代数方程来研究。例如，半径为 1 的圆的方程为 $x^2 + y^2 = 1$。所有圆锥曲线的方程和该方程一样，都是二次方程。一个新的几何学分支因此成长起来，这便是解析几何。

牛顿曾将由三次代数方程描述的曲线（三次曲线）进行了分类。相较于四种基本的圆锥曲线，他总共找到了 78 种三次曲线，并且将它们分为五类。而对于四次曲线来说，其种类数量有了爆炸式增长，至今还没有人给出一个完整的分类。

并不是所有的曲线都可以作为代数方程来研究。很多曲线，例如悬链线、摆线（一个滚动的车轮上某一点的运动轨迹）以及螺线，将它们表达为代数方程可不是件容易的事情。

**一个定义** 数学家一直都在追寻曲线本身的定义，而不仅仅是其具体的例子。卡米耶·若尔当提出了一个曲线理论，用可变点对曲线进行了定义。

下面看一个例子。如果令 $x = t^2$，并且 $y = 2t$，那么对于不同的 $t$ 值，我们将得到坐标为 $(x, y)$ 的不同点。例如，如果 $t=0$，我们将得到点 $(0, 0)$，

而 $t=1$ 所对应的点为 (1, 2)，如此等等。如果我们将这些点画在 $x$–$y$ 坐标平面上，并且将这些点连起来，就将得到一条抛物线。若尔当将这个"把点连起来"的思想加以了提炼。对他来说，这便是曲线的定义。

若尔当的曲线可以非常复杂，即使当它们像圆一样是"简单"（没有和自己相交）和"闭合"（首尾相接）的。同时若尔当也给出了一个著名的定理：平面上的一条简单闭合曲线，将平面分为了内部和外部两个区域。这个曲线的定义看上去似乎"显而易见"，但事实并非如此。

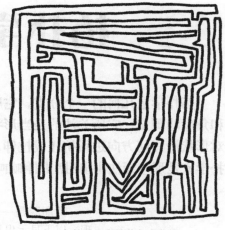

一条简单闭合的若尔当曲线

在意大利，数学家朱塞佩·皮亚诺在 1890 年引起了一场轰动。他证明了，根据若尔当的定义，一个被点填充满的正方形是一条边线。他可以将正方形中的点进行组织，从而使得它们都可以被"连起来"，同时使其符合若尔当的定义。这种曲线被称为空间填充曲线，它让若尔当的定义出现了纰漏——一个正方形显然不是一条通常意义上的曲线。

空间填充曲线和其他一些病态的例子使得数学家不得不重新回到绘画板前，思考曲线理论的基础。发展出一个更好的曲线的定义的课题被摆上了议程。在 20 世纪初，这个任务将数学带入了一个新的领域——拓扑学。

走冤枉路

# 23　拓扑学

拓扑学是几何的一个分支，它所处理的是曲面和一般形状的性质，而不涉及长度和角度的测量。它所关注的是当形状发生形变时，那些不会改变的性质。它允许我们对形状沿任何方向进行挤压或拉伸，因此，拓扑学有时也被称为"橡胶板几何"。拓扑学家是那些无法讲出甜甜圈和咖啡杯之间区别的人。

甜甜圈是一个具有单孔的曲面。咖啡杯也一样，该孔以杯把的形式出现。以下显示出从一个甜甜圈到一个咖啡杯的形变过程。

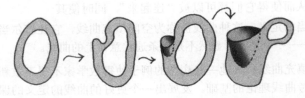

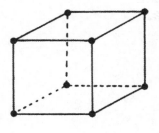

**对多面体进行分类**　拓扑学家研究的最基本的形状是多面体。一个多面体的例子是立方体：具有 6 个正方形表面、8 个顶点（面的交点）以及 12 条边（顶点之间的连线）。立方体是一个正多面体，因为：

- ❑　所有的面都是相同的正多边形；
- ❑　所有的边在顶点处形成的角度都相等。

拓扑学是一门相对比较新的学科，但它依然可以追溯到古希腊时期。

## 大事年表

| 约公元前 300 年 | 约公元前 250 年 | 公元 1752 年 |
|---|---|---|
| 欧几里得证明存在五种正多面体 | 阿基米德对截角多面体进行了研究 | 欧拉给出了关于多面体的顶点数、边数以及面数的欧拉公式 |

事实上，欧几里得在《几何原本》的最后一卷中证明了总共有五种正多面体。它们也被称为柏拉图立体：

- ❑ 正四面体（具有 4 个等边三角形的面）；
- ❑ 立方体（具有 6 个正方形的面）；
- ❑ 正八面体（具有 8 个等边三角形的面）；
- ❑ 正十二面体（具有 12 个正五边形的面）；
- ❑ 正二十面体（具有 20 个等边三角形的面）。

**正四面体**　　　　**立方体**

**正八面体**　　　**正十二面体**

如果去掉每个面都相同这个条件，我们便进入了阿基米德立体的王国，其中的多面体便是半正多面体。有些例子可以由柏拉图立体生成。如果切掉正二十面体的一些角，我们便得到了现代足球的形状。在该多面体的 32 个面中，有 12 个是正五边形，剩下的 20 个是正六边形。它总共有 90 条边和 60 个顶点。该多面体也是富勒烯分子的形状，该分子以理查德·巴克明斯特·富勒的名字命名，因为它与富勒在 1967 年加拿大蒙特利尔万国博览会上设计的美国圆顶展馆的形状相似。这些"布基球"是一种新发现的碳的同素异形体——$C_{60}$，它的每个碳原子都处在该多面体的一个顶点上。

**正二十面体**

**截角二十面体**

**欧拉公式**　欧拉公式告诉我们，一个多面体的顶点数 $V$、边数 $E$ 和面数 $F$ 满足关系式

$$V-E+F=2$$

例如，对于正八面体来说，$V=6$，$E=12$，$F=8$，因此 $V-E+F=6-12+8=2$。而对富勒烯来说，$V-E+F=60-90+32=2$。该定理实质上对多面体的概念提出了挑战。

如果一个立方体有一个"管道"穿过它，那么它还是多面体吗？对于这个形状，$V=16$，$E=32$，$F=16$，$V-E+F=16-32+16=0$。欧

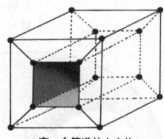

**有一个管道的立方体**

拉公式不再成立。要使得欧拉公式成立，需要限定多面体不能含有管道。或者，也可以将该公式进一步推广，使之包含该特例。

**曲面的分类** 拓扑学家也许认为甜甜圈和咖啡杯是等同的，但什么样的曲面是与甜甜圈不同的呢？一个例子是橡胶球。不论你如何努力，也不能将甜甜圈变形为一个球，因为甜甜圈有孔，而球没有。这是这两个曲面之间最根本的差别。因此，可以根据曲面所包含的孔的数目对它们进行分类。

让我们取一个有 r 个孔的曲面。在该曲面上植入一些顶点，连接这些顶点的边将该曲面划分成了不同的区域。然后，我们可以数出曲面上顶点、边和面的数量。对于任何划分，欧拉表达式中的 $V-E+F$ 结果都始终是定值，该值称为该曲面的欧拉特征数

$$V-E+F=2-2r$$

对于曲面没有孔（$r=0$）的情况，如普通的多面体，该公式还原为欧拉的 $V-E+F=2$。对于曲面包含 1 个孔（$r=1$）的情况，如包含一个管道的立方体，$V-E+F=0$。

**单侧曲面** 通常地，曲面都有两个侧面。球的外部和内部是不同的，从一面到达另一面的唯一方法是在球面上钻个洞——但在拓扑学中，切割操作是不允许的（你可以拉伸，但不可以切割）。一张纸是双侧曲面的另一个例子。它的两个侧面只有在其边缘的曲线上才会相交。

单侧曲面的思想似乎非常牵强。然而，德国数学家和天文学家默比乌斯在 19 世纪发现了一个著名的单侧曲面。构造该曲面的方法是拿一条纸带，对其扭转半周后将首尾粘在一起。构造出的这个形状称为**默比乌斯带**，它是一个具有一条边界曲线的单侧曲面。你可以拿起铅笔，沿着纸带的中线画下去，很快就会回到开始的地方。

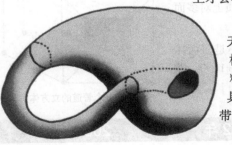
**默比乌斯带**

**克莱因瓶**

甚至可以构造出不含边界曲线的单侧曲面。这便是**克莱因瓶**，以德国数学家费利克斯·克莱因的名字命名。这个瓶子的惊人之处在于，它永远都不和自己相交。然而在三维空间中，如果不允许物理上的相交，永远都无法做出克莱因瓶的模型，只有在四维空间中，它才永远都不和自己相交。

这两个曲面都是拓扑学中称为**流形**的实例，拓扑学家将那些从局部看起来像二维纸张的几何曲面称为流形。由于克莱因瓶没有边界，因此被称为闭合 2- 流形（二维流形）。

**庞加莱猜想**  一个多世纪以来，庞加莱猜想都是拓扑学中最重要的问题，该猜想以亨利·庞加莱的名字命名。这个猜想以拓扑学和代数的联系为中心。

该猜想中针对闭合 3- 流形的部分直到最近才被解决。3- 流形是非常复杂的——试想将克莱因瓶置于更高一维的空间中的情况。庞加莱猜测那些具有所有三维球体代数性质的闭合 3- 流形必定是球体。这就好比你在一个巨大的球体上行走，你收集到的所有线索都告诉你这是一个球体，但由于你无法看到它的全貌，所以你还是想知道它究竟是不是一个球体。

以前没有人可以证明 3- 流形的庞加莱猜想。它是真的还是伪的？人们已经证明了维数为其他所有值时的情况，唯独 3- 流形难以解决。历史上有很多错误的证明，直到 2002 年，人们终于承认圣彼得堡斯捷克洛夫研究所的格里戈里·佩雷尔曼最终完成了证明。就像其他很多伟大数学问题的解决方案一样，庞加莱猜想的解决方法也远远超出了它自身所在的领域，而是用到了一种与热扩散相关的技术。

# 从甜甜圈到咖啡杯

# 24 维

达·芬奇在他的笔记本中曾写道："绘画科学开始于点，然后是线，第三个出现的是面，第四个是面覆盖着的立体。"在达·芬奇的层次结构中，点是零维的，线是一维的，面是两维的，而空间是三维的。还有比这更显而易见的吗？古希腊几何学家欧几里得开了这个点、线、面和体的层层递进的先河，达·芬奇则紧跟欧几里得的脚步。

物理空间是三维的观点持续了几千年。在物理空间中，我们可以沿 $x$ 轴延伸到这张纸之外，或者垂直于 $x$ 轴沿 $y$ 轴延伸，或者垂直向上沿 $z$ 轴延伸，或者以如上三种方式任意组合的方式延伸。相对于原点（三轴交汇点），任何一点都有一套由 $x$、$y$ 和 $z$ 值所确定的空间坐标，表示为 $(x, y, z)$ 的形式。

立方体很显然具有这样的三维结构。对于任何立体的物体，情况也是如此。在学校，我们通常都从二维几何（平面几何）学起，然后学习三维几何（立体几何），再然后就此止步。

大约在 19 世纪初，数学家开始涉猎四维，甚至更高的 $n$ 维数学。很多哲学家和数学家开始思考更高维是否存在。

**高维物理空间** 过去很多顶尖的数学家都认为四维是不可想象的。他们质疑四维的真实存在性，于是如何解释它就成为一个巨大的挑战。

一种解释为什么四维是可能的通常方法是退回到二维。1884 年，一个名叫埃德温·艾勃特的英国学校老师兼神学家出版了一本名叫《平面国》

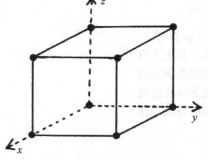

三维空间

## 大事年表

| 约公元前 300 年 | 公元 1877 年 |
| --- | --- |
| 欧几里得描绘了一个三维世界 | 康托尔被他自己在维数论方面的一个颇具争议的发现所震惊 |

的畅销书。书中的人物都生活在二维平面里。人们看不到三角形、正方形或者圆形的形状，因为他们无法跳到第三维中观察。他们的视觉严重受限。他们很难理解第三维，就像我们很难理解第四维一样。但阅读艾勃特的书，可以帮助我们接受第四维的存在。

在爱因斯坦出现后，我们更加迫切地需要对四维空间的真实存在性进行思考。这时四维几何变得更加合理，甚至变得好理解，因为爱因斯坦模型的另外一维是**时间**。和牛顿不同，爱因斯坦认为时间和空间一起构成了一个四维连续统。爱因斯坦宣称，我们生活在一个包含四个坐标（$x$, $y$, $z$, $t$）的四维世界里，其中 $t$ 表示时间。

如今，爱因斯坦的四维世界似乎已经被很多人所接受。在更新近的弦理论中，我们所熟悉的亚原子粒子（比如电子）是极端微小的、不断振动的弦的表现。弦理论认为，四维的时空连续统可以被一个更高维的连续统所替代。最近的研究表明，根据假设和观点的不同，弦理论中的时空连续统的维数是 10、11 或者 26。

在瑞士日内瓦附近的欧洲核子研究组织（CERN），科学家借助两千多吨的超导磁铁，使粒子高速碰撞，这或许可以帮助解决这个问题。人们希望通过它揭示物质的微观结构，而作为副产品，我们或许还有机会得出关于维数的"正确"答案。目前比较稳妥的猜测是，我们生活在一个 11 维的宇宙中。

**超空间**　和物理高维空间不同的是，在数学中，高于三维的空间是没有任何问题的。数学空间可以是任何维数。从 19 世纪早期开始，数学家就习惯在他们的工作中使用 $n$ 个变量。乔治·格林（一位诺丁汉的磨坊工，研究过电学的数学理论）以及纯数学家奥古斯丁·路易斯·柯西、阿瑟·凯莱和赫尔曼·格拉斯曼等曾使用 $n$ 维超空间来描述他们的数学理论。似乎没有好的理由要限制数学理论以及所有的事物都必须以优雅而明晰的方式获得。

| 1909 年 | 1919 年 | 1970 年 |
|---|---|---|
| 布劳威尔的工作改变了我们对于维的观念 | 豪斯多夫提出了分数"豪斯多夫维数"的概念 | 弦理论认为我们的宇宙是 10、11 或 26 维的 |

　　$n$ 维背后的想法仅仅是将三维坐标 $(x, y, z)$ 扩展成一组非定数目的变量。二维中的圆可以用方程 $x^2+y^2=1$ 来表示，而三维空间中的球也可以用方程 $x^2+y^2+z^2=1$ 来表示，那么为什么不能用 $x^2+y^2+z^2+w^2=1$ 来表示四维空间中的超球体呢？

　　在三维空间中，一个正方体的 8 个顶点具有 $(x, y, z)$ 形式的坐标，每个 $x$、$y$、$z$ 的值是 0 或 1。立方体有 6 个面，每个面都是一个正方形，并且总共有 $2\times2\times2 = 8$ 个顶点。那么四维空间中的超立方体是什么样子的呢？它会有 $(x, y, z, w)$ 形式的坐标，每个 $x$、$y$、$z$、$w$ 都是 0 或 1，所以超立方体可能有 $2\times2\times2\times2 = 16$ 个顶点，8 个面，并且每个面是一个立方体。事实上，我们无法看到这个四维超立方体，但我们可以在这页纸上给出一个艺术想象图。这幅图显示出了数学家想象中的四维超立方体的二维投影。其中的立方体"面"可以大致认出来。

四维超立方体

　　高维数学空间对于纯数学家来说是司空见惯的。尽管它被假设存在于一个理想的柏拉图世界里，但没有人会质疑它的真实存在性。在有限单群分类（见第 38 章）这个大问题中，其中的"怪兽群"可以放到一个 196 883 维数学空间中加以考察。我们无法以观察普通三维空间的方式来观察这个空间，但在近世代数中，我们还是可以以精确的方式想象和处理它。

　　数学家所考虑的维（dimension）与物理学家在量纲分析（dimensional analysis）中赋予它的意义完全不同。物理学中的常见单位都可以用质量 $M$、长度 $L$ 和时间 $T$ 来表示的。通过量纲分析，物理学家可以借此检验方程是否有意义，因为方程的两边必须具有相等的量纲。

　　力＝速度是不恰当的。根据量纲分析，速度的单位是 m/s，所以它具有长度除以时间，即 $L/T$（我们写成 $LT^{-1}$）的量纲。力等于质量乘以加速度，而加速度的单位是 m/s²，所以力的量纲是 $MLT^{-2}$。

**拓扑学** 维数论（dimension theory）是一般拓扑学的一部分。维数的概念可以定义为抽象数学空间经过变换后保持不变的量。数学很多分支的领军人物，都曾投入到对维数的钻研中，其中包括勒贝格、布劳威尔、门格尔、乌雷松和维托里斯（他在 2002 年去世前是奥地利最长寿的人，去世时享年 110 岁）。

这个领域的核心著作是胡尔维茨（Witold Hurewicz）及沃尔曼（Henry Wallman）在 1948 年出版的《维数论》——它到现在仍被视为我们理解维数概念的分水岭。

**所有形式的维** 从古希腊人引入的三维开始，维的概念就一直被批判地分析和延伸着。

数学中的 $n$ 维空间是非常自然地被提出的，而物理学家也在四维时空和最近的弦理论的基础上（该理论用到了 10、11 和 26 维）建立起他们的理论。在分形理论中（见下一章），数学家们提出了分维的概念以及一些测度的方式。希尔伯特提出了一个无限维数学空间，它如今已成为纯数学家研究的基本框架。所以维可要比我们所熟知的欧式几何的一、二、三维丰富得多。

## 坐标化的人

人类自身也是一个多维的事物。一个人的"坐标"远多于三个。我们可以使用（$a, b, c, d, e, f, g, h$）来表示年龄、身高、体重、性别、鞋码、眼球颜色、发色、国籍等。现在，可以用人取代几何中的点。如果我们将自身限制在这个八维"空间"中，约翰·多伊的坐标也许会是这个样子：（43 岁，165 厘米，83 公斤，男，9，蓝色，金色，丹麦），而玛丽·史密斯的坐标也许会是（26 岁，157 厘米，56 公斤，女，4，褐色，浅黑色，英国）。

# 不止于第三维

# 25　分形

1980年3月，在位于纽约州约克敦海茨的IBM研发中心，一台当时最先进的电脑主机正向一个古老的泰克打印机传输指令。打印机按照主机指令在一张白纸上的奇怪的位置打点，当它停止敲打后，其打印结果就像是在床单上撒下了一把尘土。贝努瓦·曼德尔布罗特简直不敢相信自己的眼睛。他知道这个图案非常重要，但它到底是什么呢？在他面前慢慢呈现的图像像是显影池里逐渐显现的黑白照片。这是人们第一次瞥见分形世界中的图像——曼德尔布罗特集。

这是实验数学的精彩之作。在实验数学中，数学家像物理学家和化学家一样也有了实验台，现在他们也可以做实验了。一个崭新的前景被开启了。这是一次从枯燥的"定义，定理，证明"的传统数学的解放，尽管它最后还是要回到严格的理论论证上来。

这种实验方法的缺点是，可视图像先于理论基础。实验者在没有地图的指引下摸索前行。尽管曼德尔布罗特创造了"分形"一词，但它究竟是什么呢？能否以一般的数学方式对它进行精确定义？刚开始的时候，曼德尔布罗特不想这样做。他不想让可能不充分且有限制的严格定义破坏了实验的魔力。他觉得分形概念就像一种好酒——装瓶之前需要一段时间的陈化。

**曼德尔布罗特集**　在当时，曼德尔布罗特和他的同事都不是特别艰奥的数学家。他们使用的是最简单的公式。整个想法基于迭代——一次又一次地重复使用着一个公式。产生曼德尔布罗特集的公式可以简单表示为 $x^2+c$。

## 大事年表

| 公元 1879 年 | 1904 年 |
|---|---|
| 凯莱成为现代分形理论的先驱 | 冯·科克创造出了他的雪花曲线 |

首先我们要选择一个 $c$ 值。假设选择 $c=0.5$。从 $x=0$ 开始，我们代入表达式 $x^2+0.5$ 得到第一个值 0.5。然后我们令 $x$ 等于 0.5，代入 $x^2+0.5$ 中得到第二个值：$(0.5)^2+0.5=0.75$。依此继续，到第三步时，这个值将等于 $(0.75)^2+0.5=1.062\,5$。所有这些计算都可以用手持计算器完成。继续算下去，我们发现结果会越来越大。

让我们试一下另一个 $c$ 值，这次 $c=-0.5$。和之前一样，我们从 $x=0$ 开始，将它代入方程 $x^2-0.5$ 得到 $-0.5$。继续计算，我们得到 $-0.25$，但这次值不会越来越大，而是振荡几次后稳定在 $-0.366\cdots$ 附近。

所以如果选择 $c=0.5$，从 $x=0$ 开始，结果序列将会逐渐增长到无穷大。但如果选择 $c=-0.5$，我们发现从 $x=0$ 开始，结果序列最终收敛在 $-0.366$ 附近。曼德尔布罗特集包括使得从 $x=0$ 时开始，结果序列不会发散至无穷大的所有 $c$ 值。

这还不是故事的全部，因为到目前为止我们仅仅考虑了一维实数，给出的是一个一维的曼德尔布罗特集，所以我们还看不到太多。我们需要考虑的是方程 $z^2+c$ 中的 $z$ 和 $c$ 都是二维复数时的情况，由此得到的是一个二维的曼德尔布罗特集。

对于曼德尔布罗特集中的某些 $c$ 值，结果序列可能会表现出各种古怪的行为，比如在一些点之间跳舞，但却不会发散至无穷。在曼德尔布罗特集中，我们看到分形的另一个关键性质，即自相似性。如果你放大这个集合，你没法确定放大的倍数，因为你只会看到更多的曼德尔布罗特集。

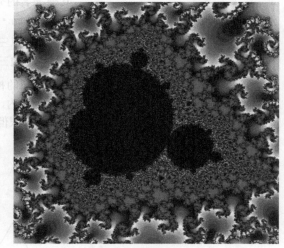

曼德尔布罗特集

| 1918 年 | 1919 年 | 1975 年 |
|---|---|---|
| 豪斯多夫提出了分维的概念 | 朱丽和法图在复平面中对分形结构进行了研究 | 曼德尔布罗特提出了分形一词 |

**在曼德尔布罗特之前** 和数学中的大多数事情一样，新发现很少是全新的。纵观历史，早在曼德尔布罗特发现曼德尔布罗特集的将近一百年前，亨利·庞加莱和阿瑟·凯莱等数学家已经对这个想法有了初步的认识。不幸的是，他们没有足够的计算能力进行进一步研究。

第一波分形理论家发现的分形形状包括之前被认为是病态曲线的空间填充曲线。由于它们非常病态，数学家长久以来把它们锁在了橱柜里，极少给予关注。接下来就是可以用微分处理的、比较正常的平滑曲线。随着分形的普及，另外两位数学家，加斯顿·朱丽和皮埃尔·法图的工作重新受到了关注，他们曾在第一次世界大战后的一些年里对复平面上类似分形的结构进行了研究。当然，他们的曲线不叫分形这个名字，而且他们也没有技术设备可以看到这些形状。

产生科克雪花
曲线的单元

**其他著名的分形** 著名的科克曲线以瑞士数学家尼尔斯·费边·黑尔格·冯·科克的名字命名。这个雪花曲线实际上是第一个分形曲线。它以三角形为基本元素，将每条边三等分后在中间的一段上向外作等边三角形，以此方式不断操作便可生成雪花曲线。

科克曲线的神奇特性在于，它具有有限的面积，因为它永远都处于某个圆内，但在其生长的每个阶段，其长度都在增加。这是一个面积有限但周长无限的曲线。

科克雪花曲线

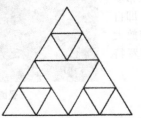
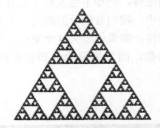

谢尔宾斯基地毯

另一个著名的分形是以波兰数学家瓦茨瓦夫·弗朗西斯克·谢尔宾斯基的名字命名的。它通过从一个等边三角形中不停地抠去等边三角形而产生。不断重复该操作，我们就会得到谢尔宾斯基地毯（另一种不同的产生过程见第 13 章）。

**分维**  费利克斯·豪斯多夫对维的看法非常独特。他的观点涉及缩放。如果将一条线按比例放大 3 倍，那么它的长是之前的 3 倍。由于 $3=3^1$，所以线的维数是 1。如果一个实心正方形按比例放大 3 倍，那么它的面积是之前的 9 倍，或者说 $3^2$ 倍，所以正方形的维数是 2。如果一个立方体按比例放大 3 倍，那么它的体积是之前的 27 倍，或者 $3^3$ 倍，所以立方体的维数是 3。豪斯多夫维对线、正方形和立方体所得出的这些维数和我们的期望都一致。

如果科克曲线的基本单元按比例放大 3 倍，它的周长则变成之前的 4 倍。按照之前描述的，豪斯多夫维数是 $4=3^D$ 中 $D$ 的值。另一种计算方法是

$$D = \frac{\lg 4}{\lg 3}$$

这意味着，科克曲线的 $D$ 值大约是 1.262。在分形中，豪斯多夫维数通常都大于普通维数（科克曲线的普通维数是 1）。

豪斯多夫维数给出了曼德尔布罗特分形的定义——$D$ 值不是整数的点的集合。分维成为分形的关键性质。

**分形的应用**  分形的应用潜力非常大。分形可以作为数学工具，为诸如植物生长或云彩形成等自然现象建模。

分形已经被应用在对海洋生物如珊瑚和海绵的生长过程的分析中。现代城市的扩张也被证明和分形生长具有类似的性质。在医学中，人们发现可以借助分形为大脑活动建模。另外，股票和外汇市场的变动也具有分形的性质，数学家也对此进行了研究。曼德尔布罗特的工作开辟了一个新的领域，但还有很多东西仍然等着我们去发现。

# 维数是分数的图形

# 26 混沌

有可能为混沌建立一种理论吗？混沌的发生一定没有理论可循吗？故事要追溯到1812年。当拿破仑正率领大军向莫斯科推进时，他的同胞拉普拉斯发表了一篇关于确定性宇宙的文章：如果在某一特定时刻，宇宙中所有物体的位置和速度，以及作用在它们上面的力是已知的，那么这些量在其后所有时刻的值都可以被精确地推算出来。宇宙以及宇宙中的所有物体都会是可以完全确定的。然而，混沌理论告诉我们，世界要远比这错综复杂得多。

在现实世界中，我们无法完全精确地知道所有的位置、速度以及作用力，但从拉普拉斯的信条可以得出这样一个推论：如果能够知道它们在某一时刻的近似值，那么所推算出来的宇宙也不会偏离太远。这听起来是合理的，赛跑选手如果在发令枪后 0.1 秒才起跑，那么他冲过终点线的时刻也必然要比往常晚 0.1 秒。这里的信条是，初始条件的微小差异意味着结果的微小差异。但混沌理论将此观点完全颠覆了！

**蝴蝶效应** 蝴蝶效应向我们展示了初始条件与某个给定值的微小差异，如何能够产生与预测值相差甚远的结果。如果天气预报原本说欧洲的某一天天气晴朗，但南美洲的一只蝴蝶轻轻扇动一下翅膀，却可能使得地球的另一边产生一场飓风——由于翅膀扇动对气压造成的轻微影响导致了实际的天气状况与原本预测的大相径庭。

我们可以用一个很简单的机械实验来阐释这个观点。如果你让一颗滚珠从弹珠台上方的开口处落下，滚珠在下落的过程中由于碰到不同的障碍，

**大事年表**

| 公元 1812 年 | 1889 年 |
| --- | --- |
| 拉普拉斯发表了关于确定性世界的文章 | 庞加莱在处理三体问题时遭遇到了混沌 |

会向左边或右边偏移，直到最终落在底部的整理槽中。然后，你可以让另一颗完全一样的滚珠，从相同的位置以相同的速度落下。如果你可以完全精确地做到这些，那么拉普拉斯将是正确的，滚珠下落的路径将完全一样。如果第一个滚珠落在了右数第三个槽中，那么第二个滚珠也会落在这个槽中。

但你终究无法保证滚珠下落时的位置、速度以及作用力完全相同。在现实中，必然存在一些轻微的差异，轻微到甚至你都无法测量。结果滚珠下落的路径可能会截然不同，最后落到另一个槽中。

**单摆** 自由钟摆是分析起来最简单的机械系统之一。随着钟摆不断地来回摇摆，它的能量会逐渐损失掉。摆锤对于垂直线的位移以及它的（角）速度会不断地衰减，直至最终完全静止。

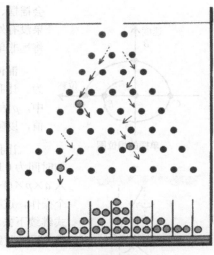

弹珠台实验

摆锤的运动可以画成一个相位图。横轴用于测量摆锤的（角）位移，纵轴用于测量它的速度。图中横轴正半轴上的点 $A$ 是摆锤被释放的位置。在点 $A$，位移达到最大值，速度为 0。当摆锤越过纵轴（位移为 0）时，速度达到最大值，这一点标记为图中的点 $B$。在点 $C$，摆锤摆到了它的另一个极端，位移是负值，速度为 0。而后摆锤向回摆动通过点 $D$（这时摆锤是向相反的方向运动，因此速度为负），最终在点 $E$ 完成一次摇摆。在相位图中，这表示为一个 360 度的旋转，但由于摆动幅度的减小，点 $E$ 落在点 $A$ 的里边。随着摆动的幅度越来越小，曲线会不断向着原点螺旋接近，直至摆锤最终静止不动。

而对于双摆，摆锤处于两个相联的杆的端点，相位图会有所不同。如果位移较小，双摆的运动类似于单摆。但如果位移较大，摆锤

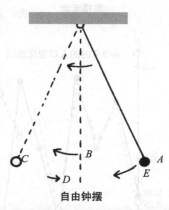

自由钟摆

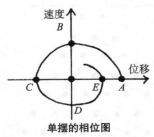

单摆的相位图

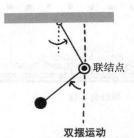

联结点

双摆运动

会摇摆、旋转、无规律地摇晃，中间联结点的位移似乎也是随机的。如果没有外力的作用，摆锤最终也会归于静止，但用于描述其运动的曲线将远非单摆那规则的螺旋形曲线。

**混沌运动** 混沌的特征是，一个确定性系统可能会出现随机的行为。让我们看一下另外一个例子，一个迭代的公式，$a \times p \times (1-p)$。其中，$p$ 表示人口，为 0 到 1 之间的一个值。$a$ 必须是 0 到 4 之间的某个值，以确保 $p$ 的值一直处于 0 到 1 之间。

让我们令这个人口模型中的 $a$ 等于 2。如果我们选择一个初始值，如时间为 0 时，$p=0.3$，那么要知道时间为 1 时的人口数，只需将 $p=0.3$ 代入 $a \times p \times (1-p)$，得到 0.42。仅仅使用一个便携计算器，我们便可以重复这个操作，这次代入 $p=0.42$，我们又得到了下一个数字（0.487 2）。以这种方式继续下去，我们可以得到以后任意时刻的人口数。在这个例子中，人口数会迅速收敛到 $p=0.5$。这个收敛结果适用于 $a$ 小于 3 的所有情况。

现在，如果我们选择 $a=3.9$，接近于允许的最大值，然后使用相同的初始人口数 $p=0.3$，则人口数不会再收敛到某个值，而是会剧烈地振荡下去。这是因为 $a$ 的值处于"混沌区域"，即 $a$ 是一个大于 3.57 的数。另外，如果我们选择一个稍微不同的初始值，$p=0.29$，一个接近于 0.3 的值，其人口增长曲线与之前的曲线在前几个时刻有近似的吻合，但到后面便会完全偏离。这个现象是爱德华·洛伦兹在 1961 年发现的（见下页的文本框）。

**天气预报** 我们都知道，即使借助功能非常强大的计算机，我们也无法提前预知几天后的天气情况。我们会发现实际的天气情况与几天前所预报的大相径庭。这是因为决定天气情况的方程是非线性的——它们不仅涉及变量本身，还涉及变量之间的乘积。

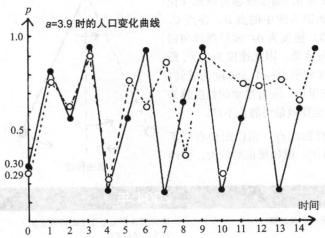

$a=3.9$ 时的人口变化曲线

天气预报背后的数学理论是由法国工程师克劳德·纳维和英国数理物理学家乔治·加布里埃尔·斯托克斯分别于 1821 年和 1845 年独立完成的。科学家对纳维-斯托克斯方程产生了浓厚的兴趣。位于马萨诸塞州剑桥市的克雷数学研究所曾悬赏 100 万美元，奖给那些在建立数学理论破解其秘密方面取得实质性进展的人们。将这些方程应用于流体问题，我们得以深入了解上层大气稳定的运动情况。但对于接近地表的气流，由于它会产生湍流和混沌的结果，我们对其行为还知之甚少。

尽管我们对于线性方程系统已经有了充分了解，但纳维-斯托克斯方程包含了一些非线性项，使得它们难以处理。在实践中，求解它们的唯一方法就是通过功能强大的计算机对其进行数值求解。

## 从气象学到数学

蝴蝶效应是在 1961 年左右被偶然发现的。麻省理工学院的气象学家爱德华·洛伦兹在他的古董级计算机画图的间隙去喝了一杯咖啡，当他回来时，结果却令他大吃一惊。他原本计划重新画出一些有趣的气象图，结果却得到了一个无法识别的图像。这是非常奇怪的现象，因为他输入的是相同的初始值，本应画出相同的图样。是不是应该卖掉他的古董计算机，换一个更加可靠的？

经过少许思索，他想起了他在画图前输入初始值时确实有一个微小的变化：在之前的计算过程中，他保留了小数点后六位，但这一次他只保留了小数点后三位。为了解释该差异现象，他提出了"蝴蝶效应"的说法。在这个发现之后，他的研究兴趣转向了数学。

**奇异吸引子** 动态系统可以被看作其相位图具有"吸引子"。在单摆的例子中，吸引子是位于原点上的单一点，运动趋向于它。而对于双摆，情况变得更加复杂，但即使这样，相位图仍然表现出一些规则性，趋向于相位图中的一系列点。对于这类系统，这些点可能会形成一个分形（见第 25 章），称为奇异吸引子，它具有一定的数学结构。所以混沌也并非毫无规律可循。

# 规则性的狂野

# 27 平行公设

这个戏剧性的故事始于一个简单的几何场景。现有一条直线 $l$ 和直线外的一点 $P$，通过点 $P$ 我们可以画出多少条平行于 $l$ 的直线？很明显，只有一条通过点 $P$ 的直线，在两个方向上无限延伸而与 $l$ 永不相交。这一点似乎是不言而喻的，完全符合常识。欧几里得将该结论的另一种描述作为几何的奠基之作《几何原本》的公设之一。

·P

————————————————— $l$

然而，常识并不总是可靠的。我们要看看欧几里得的假设是否在数学上总是成立。

**欧几里得的《几何原本》** 欧式几何在 13 卷的《几何原本》中得到了系统阐述。该书写于公元前 300 年左右，是历史上最具影响力的数学书籍之一。古希腊数学家一直将其奉为第一部关于几何的系统性阐述。后来的学者对保存下来的手稿进行研究并将其翻译为其他语言，这本书就这样被一代代流传下来，并且被普遍颂扬为几何的标准范例。

《几何原本》后来成为学校教授几何的教材。但它被证明是不适合小学生的。就像诗人 A. C. 希尔顿所讽刺的："尽管他们通过死记硬背将它写了出来，但却没有能够写正确。"你可以说，欧几里得是写给男人而不是男孩看的。在 19 世纪的英国学校中，作为课程中的一门学科，它的影响力到达顶峰。不过直到如今，对数学家而言，它仍然是一块试金石。

## 大事年表

| 约公元前 300 年 | 公元 1829—1831 年 |
|---|---|
| 欧几里得的《几何原本》中提到了平行公设 | 罗巴切夫斯基和波尔约发表了关于双曲几何的著作 |

是欧几里得《几何原本》的写作风格使得它尤为引人注目——其成就正在于将几何表述为一系列被证明的定理。福尔摩斯想必会对这个演绎系统大加赞赏，因为它是从公设逻辑推导而成的，或许还会批评华生没有把它看作一个"冷静而不是感情用事"的系统。

欧式几何大厦以公设（见右侧文本框）为基石，但这还不够。欧几里得还添加了"定义"和"公理"。定义包括诸如"点是没有部分的"和"线只有长度而没有宽度"等表述。公理则包括诸如"整体大于部分"和"等于同量的量彼此相等"等。直到 19 世纪末，人们才意识到欧几里得还添加了一些隐含的假设。

## 欧几里得的公设

数学的一个特性是，仅仅几个假设就可以产生出庞大的理论体系。欧式几何是一个极好的例子，为后来的公理系统树下了榜样。他的五个公设是：

(1) 由任意一点到另外任意一点可以画直线；

(2) 一条有限直线可以继续延长；

(3) 以任意点为心及任意的距离可以画圆；

(4) 凡直角都彼此相等；

(5) 同平面内一条直线和另外两条直线相交，若在某一侧的两个内角和小于二直角的和，则这二直线经无限延长后在这一侧相交。

**第五公设** 欧几里得的第五公设在《几何原本》发表后的两千多年来一直饱受争议。仅从风格上看，其冗长笨拙的表述方式与其他部分显得格格不入。欧几里得本人对此也很是不悦，但他需要用它来证明其他命题，因此必须保留它。他也曾尝试从其他公设来证明得出它，但都失败了。

后来的数学家也试图证明得出这条公设或者用一条更加简单的公设代替它。1795 年，约翰·普莱费尔对它的另一种表述得到了广泛的流传：对于直线 $l$ 和直线外的点 $P$，有且只有一条直线通过点 $P$ 且平行于 $l$。几乎在同时，阿德利昂·玛利·埃·勒让德提出了另一个等效的替代版本：三角形内角和等于 180 度。这些对第五公设新的表述形式平息了对其表述不自然的异议。它们比欧几里得给出的笨拙版本更加

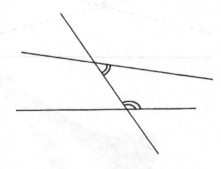

**1854 年**

黎曼作了关于几何基础的演讲

**1872 年**

克莱因通过群论将几何统一在一个框架里

**1915 年**

爱因斯坦的广义相对论以黎曼几何为基础

容易被人们接受。

对于第五公设的另一个攻击方向是试图找到证明它的方法。这吸引了一大批追随者。如果确实能够找到一个证明，那么这条公设将会变成一条定理，它便可以光荣退休了。但不幸的是，所有的尝试最终都成了循环论证，它们在论证中所使用的假设恰好正是他们需要去证明的。

**非欧几何** 一个突破性的进展来自卡尔·弗雷德里希·高斯、哈诺斯·波尔约以及尼古拉·伊万诺维奇·罗巴切夫斯基的工作。尽管高斯并没有发表他的著述，但似乎很明显，他在 1817 年得出了他的结论。波尔约的作品发表于 1831 年，而罗巴切夫斯基也在 1829 年独立地发表了他的作品，因此，在这二者之间产生了一场关于优先权的争论。这些人的天才头脑是毋庸置疑的。他们都有效地证明了第五公设独立于其他四条公设。通过结合它的否定形式及其他四条公设，他们向人们展示了，据此构造出一个完备系统是可能的。

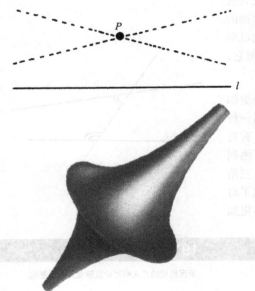

波尔约和罗巴切夫斯基允许有多于一条直线通过点 $P$ 且与 $l$ 不相交，从而构造出了一个新的几何体系。但这怎么可能呢？显然图中的两条虚线会与 $l$ 相交。如果我们承认这一点，我们便不知不觉地落入欧几里得的窠臼。事实上，波尔约和罗巴切夫斯基所提出的是一个崭新的几何体系，不同于常识中的欧式几何。他们的非欧几何可以被认为是称为伪球面的曲面上的几何。

在伪球面上，两点间的最短路径与欧式几何中的直线扮演着相同的角色。在非欧几何中，一个新奇之处是三角形内角和小于 180 度。该几何也被称为双曲几何。

第五公设的另一种否定形式是通过点 $P$ 的所有直线都与 $l$ 相交。也就是说，没有一条通过点 $P$ 的直线与 $l$ 平行。该几何不同于波尔约和罗巴切夫斯基的几何，但无疑也是一个天才的几何系统。该几何的一个典型例子是球面几何。在球面中，最大圆（周长等于球体自身的周长）与欧式几何中的直线扮演着相同的角色。在这个非欧几何系统中，三角形内角和大于 180 度。该几何系统又称为椭圆几何，它的创立与德国数学家黎曼密切相关，黎曼于 19 世纪 50 年代对其进行了研究。

曾经被认为是几何真理的欧式几何（按照康德的说法，它是人类"先天"具有的几何）最终被推下了神坛。欧式几何现在只是诸多几何系统的其中之一，介于双曲几何和椭圆几何之间。这些不同的版本被菲利克斯·克莱因于 1872 年统一到了一起。非欧几何的提出是数学中一件惊天动地的事情，并为爱因斯坦广义相对论（见第 48 章）中的几何铺平了道路。广义相对论需要一种新的几何体系———一种弯曲时空的几何，也就是黎曼几何。正是这种非欧几何现在解释了为什么物体会下落，而不是牛顿力学中的万有引力。空间中存在的大质量物体，如地球和太阳，会导致时空变得弯曲。在一块薄橡胶上放一个弹球，它只会产生轻微的压痕，但如果把一个保龄球放在上边，它就会导致巨大的形变。

这种在黎曼几何中度量的曲率可以预测在大质量物体存在的情况下，光线会如何弯曲。普通的欧式空间，其中时间是一个独立的变量，不满足广义相对论。其中一个原因是欧式空间是平坦的——不存在弯曲。设想一张铺在桌面上的纸，我们可以说纸上任意一点的曲率都为 0。而在黎曼时空中，一个非常基础的概念是曲率，它在连续地变化——就像一件褶皱衣料上各点间的变化。这就像看哈哈镜一样，你看到的图像取决于你观看镜子的位置。

难怪年轻的黎曼会在 19 世纪 50 年代给高斯留下如此深刻的印象，高斯甚至认为，黎曼的洞见会为空间的"形而上学"带来一场革命。

# 如果平行线相交会怎样？

# 28 离散几何

几何（geometry）是最古老的技艺之一——它的字面意思是土地（geo）测量（metry）。在普通几何中，我们所研究的对象是连续的线和立体，它们都可以被看作由一些彼此"相临"的点构成。正如离散数学所要处理的是整数，非连续的实数，离散几何所涉及的是一系列有限的点和线，或是由点组成的点格——连续被孤立所取代。

点格或点阵通常是点的集合，其中点的坐标都是整数。这种几何提出了很多有趣的问题，并且在迥异的很多领域中都有应用，例如编码理论、科学实验设计等。

让我们看一下下面这个例子——一个灯塔射出一束光。设想光线从原点 O 射出，并且在横轴和纵轴之间来回扫描。我们要问，哪条光线碰到了点格中的哪个点（这些格点可以看作码头上整齐排列的船只）。

穿过原点的射线的方程是 $y=mx$。这个方程表示穿过原点并且斜率为 $m$ 的直线。如果该射线是 $y=2x$，那么它将会遇到坐标为 $x=1$，$y=2$ 的点，因为这个值满足该方程。如果射线遇到了一个坐标为 $x=a$，$y=b$ 的点，斜率 $m$ 将等于 $b/a$。因此，如果 $m$ 不是一个真正的分数（例如，它可能是 $\sqrt{2}$），那么这条射线将会错过所有的格点。

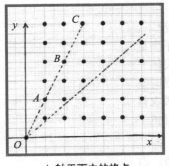

x/y 轴平面中的格点

光线 $y=2x$ 将会碰到点 $A$，其坐标为 $x=1$，$y=2$，但它照不到点 $B$，其坐标为 $x=2$，$y=4$。同样地，所有处于 $A$ "后面"的点（如点 $C$，其坐

## 大事年表

| 公元 1639 年 | 1806 年 |
| --- | --- |
| 帕斯卡在年仅 16 岁时发现了帕斯卡定理 | 布里昂雄发现了帕斯卡定理的对偶定理 |

标为 x=3, y=6, 以及点 D, 其坐标为 x=4, y=8）都会被遮蔽。我们可以设想自己站在原点上，以判断哪些点可以从那里看到，而哪些点会被遮蔽。

我们可以证明，那些可以被看到的点一定是 x 与 y 互质的点。例如，该点的坐标可能是 x=2, y=3, 除 1 以外的任何数都不能同时整除 x 和 y。该点之后的其他点，其坐标都是该点坐标的倍数，如 x=4, y=6, 或 x=6, y=9, 等等。

**皮克定理** 奥地利数学家格奥尔格·皮克因两件事而声名远扬。其一是他是爱因斯坦的挚友，而且有证据表明，是他在 1911 年帮助这个年轻的科学家进入布拉格的德国大学任教。而另一件事是他曾经写了一篇简短的论文，发表于 1899 年，是关于"网格"几何的。尽管他一生的工作涉及相当多的领域，但是他被后人所记住却是因为那条颇具魅力的皮克定理——这真是一条了不起的定理！

皮克定理给出了一种计算由坐标为整数的格点连接而成的多边形的面积的方法。这是一种弹珠数学。

要得到该多边形的面积，我们需要数出边线上●点的数目，以及多边形内部○点的数目。在我们的例子中，边线上点的数目为 b=22, 而多边形内部点的数目为 c=7。知道了这两个值，我们便可以通过皮克定理计算出多边形的面积。

$$面积 = b/2 + c - 1$$

根据该公式，我们算出该多边形的面积为 22/2+7–1=17。即面积为 17 个平方单位。就是这么简单。皮克定理可应用于任何各顶点坐标为整数的形状，唯一需要满足的条件是各条边不会穿过其本身。

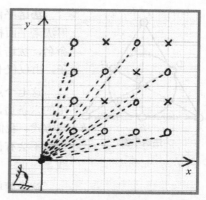

从原点看去，点 ○ 可见，而点 × 被遮蔽

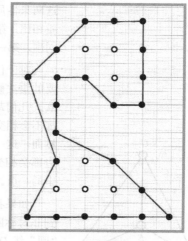

一个多边形

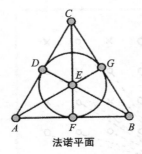

**法诺平面**

**法诺平面** 法诺平面的几何和皮克定理大概是在同一时期被发现的，但法诺平面根本不需要测量任何值。它以意大利数学家吉诺·法诺的名字命名，法诺是研究有限几何的先驱。法诺平面是"射影"几何最简单的例子，由仅仅七个点和七条边构成。

这七个点标记为 A、B、C、D、E、F 和 G。我们很容易找到这七条边中的六条边，但第七条边在哪里呢？根据该几何体系的性质以及该图的构建方式，我们所寻找的第七条边应当是 DFG——穿过点 D、F、G 的圆。这样做不会有任何问题，因为离散几何中的线并不一定是通常意义下的"直"线。

这个简单的几何体系具有很多性质，例如：

❏ 每两个点之间有且只有一条共同的边；
❏ 每两条边之间有且只有一个共同的点。

这两条性质体现出这类几何体系所具有的显著特性——对偶。和第一条性质相比，第二条性质仅仅是将第一条性质中的"边"和"点"的位置互换。同理，第一条性质是将第二条性质中的"边"和"点"互换。

对于任何一个真命题，如果我们调换其中两个词的位置，并作一些必要的语法修改，我们可以得到另一个真命题。射影几何是非常对称的，而欧式几何却不具备这样的性质。在欧式几何中，存在平行线，即一对永远都不会相交的直线。因此，在欧式几何中，我们可以轻松说出平行的概念。然而，这一点对于射影几何来说却是不可能的。在射影几何中，任意两条边都会相交于一点。对于数学家来说，这意味着欧式几何仅仅是几何家族中的一员。

如果我们将法诺平面中的一条边以及它上面的点移除，我们将再次回到非对称欧式几何的王国，也将再次能够看到平行线。假设我们移除的是"圆"线 DFG，从而得到一个欧氏图形。

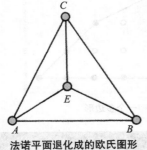

**法诺平面退化成的欧氏图形**

缺少了一条边后，现在总共有六条边：AB、AC、AE、BC、BE 以及 CE。现在，我们可以看到一些平行线，它们分别是 AB 和 CE，AC 和 BE，以及 BC 和 AE。如果两条边上没有共同的点，它们便是平行的，比如 AB 和 CE。

在数学中，法诺平面占据了一个符号性标志的位置，因为它与很多想法和应用都有着紧密的联系。它是托马斯·柯克曼的女学生问题的一个解答关键（见第 41 章）。在实验设计理论中，法诺平面是斯坦纳三元系（STS）的一个实例。给定有限数量的 $n$ 个对象，STS 可以把这些对象划分为一些区组，其中每个区组包含三个对象，而这 $n$ 个对象中的任意两个对象都恰好同时存在于一个区组中。给定七个对象 A、B、C、D、E、F 和 G，STS 的区组对应着法诺平面中的各条边。

| A | F | B |
|---|---|---|
| B | G | C |
| C | A | D |
| D | B | E |
| E | C | F |
| F | D | G |
| G | E | A |

**一对定理** 帕斯卡定理和布里昂雄定理是介于连续几何与离散几何之间的定理。虽然它们内容并不相同，但彼此之间却有着密切的联系。帕斯卡定理是由布莱兹·帕斯卡于 1639 年发现的，那时他仅仅 16 岁。将一个圆拉伸，得到一个椭圆（见第 22 章），我们在上面标出六个点，分别是 $A_1$、$B_1$、$C_1$，以及 $A_2$、$B_2$、$C_2$。记直线 $A_1B_2$ 和 $A_2B_1$ 的交点为 $P$，$A_1C_2$ 和 $A_2C_1$ 的交点为 $Q$，$B_1C_2$ 和 $B_2C_1$ 的交点为 $R$。该定理指出，点 $P$、$Q$ 和 $R$ 处在同一条直线上。

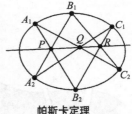

帕斯卡定理

无论这六个不同的点处于椭圆上的什么位置，帕斯卡定理都成立。事实上，我们可以用其他二次曲线代替椭圆，如双曲线、圆，甚至平行直线（在这种情况下，此结构称为"翻花绳"），而该定理仍然成立。

布里昂雄定理的发现要比帕斯卡定理晚很多，它由法国数学家和化学家夏尔·朱利安·布里昂雄发现。让我们画出与椭圆外切的六条切线，分别称之为 $a_1$、$b_1$、$c_1$，以及 $a_2$、$b_2$、$c_2$。然后，我们可以根据这些切线的交点，定义出三条对角线，线 $p$、$q$ 及 $r$，其中 $p$ 是 $a_1b_2$ 的交点与 $a_2b_1$ 的交点之间的连线，$q$ 是 $a_1c_2$ 的交点与 $a_2c_1$ 的交点之间的连线，$r$ 是 $b_1c_2$ 的交点与 $b_2c_1$ 的交点之间的连线。布里昂雄定理表明，线 $p$、$q$ 和 $r$ 相交于一点。

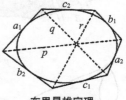

**布里昂雄定理**

这两个定理可以说彼此对偶，这也是射影几何中的定理成对出现的另一个例子。

# 感兴趣的是独立的点

# 29 图论

数学中有两类图。在上学时，我们所画出的曲线是为了表明变量 $x$ 和 $y$ 之间的关系。而在另一种比较新近的种类里，曲线的作用仅仅是把点连接在一起。

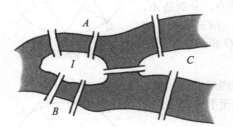

哥尼斯堡是东普鲁士的一座城市，由于城中有七座横跨普雷格尔河的大桥而闻名。这座城市不仅是伟大哲学家康德的故乡，而且另外一个著名的数学家，欧拉，也和这座城市及其大桥有着紧密的联系。

一个十分有趣的问题在 18 世纪被提了出来：在哥尼斯堡漫步，有没有一种办法将所有的大桥都穿过且仅穿过一次？我们并不要求最后回到出发的地方——只是要求每个大桥都仅穿过一次。

1735 年，欧拉向俄国科学院呈递了他的解，这被认为是现代图论的开篇之作。在我们的半抽象图中，河中心的岛标记为 $I$，而河岸分别标记为 $A$、$B$ 及 $C$。你是否可以策划出一种步行方案，能够在星期天的下午，将每座桥都穿过一次？拿起一支铅笔尝试一下吧。这其中最关键的一步就是将该半抽象图进一步拆解，以将其完全抽象化。以这种方式，我们得到了一个由点和边组成的图。将岸表示为"点"，而将其相连的大桥表示为"边"。我们不关心边的曲直或长短。这些都不重要，重要的是它们连接的方式。

欧拉找到了一种成功的步行方式。除起点和终点之外，每一次通过一座桥走到一个岸上之后，都必须找到另一座没有走过的桥离开该岸。

## 大事年表

| 公元 1735 年 | 1874 年 |
|---|---|
| 欧拉解决了哥尼斯堡七桥问题 | 卡尔·肖莱马将"树"应用到化学中 |

将该想法付诸这幅抽象的图中，我们可以说，和点相连的边必须是成对的。要想将所有的桥都遍历一次的话，除了两个表示步行起点和终点的点之外，其他的点都必须有偶数条边与之相连。

度 =5

和某一点相连的边的数目，称为该点的"度"。

欧拉定理是这样陈述的：

> 要将城市中所有的桥都遍历一次，除最多两点外，其他所有点的度都必须为偶数。

看一看这幅表示哥尼斯堡的图，每一点的度都是奇数。这意味着将哥尼斯堡中的所有桥都只遍历一次是不可能的。如果桥的设置有所变化的话，那么仅遍历一次就有可能了。但如果在岛 *I* 和岛 *C* 之间建有另一座桥，那么 *I* 和 *C* 的度将变成偶数。这意味着我们可以从 *A* 出发，将所有桥都仅遍历一次后在 *B* 结束。如果再建一座桥，这次是在 *A* 和 *B* 之间（如右图所示），我们则可以从任意一点出发，而且最终将回到该点。这是因为在这种情况下，所有点的度都是偶数。

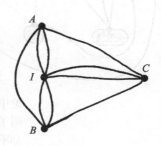

**握手定理** 如果有人要求我们画出一个图，其中有三个点的度为奇数，我们会遇到问题。试一下吧。这是不可能做到的，因为

> 在任何图中，度为奇数的点的个数一定为偶数。

这便是握手定理——图论的第一个定理。在任何一个图中，每条边都有一个起点和一个终点。换句话说，它需要两个人来握手。如果我们将整

| 1930 年 | 1935 年 | 1999 年 |
|---|---|---|
| 库拉图斯基证明了他的平面图理论 | 乔治·波利亚将代数的计数技术运用到图论里 | 埃里克·雷恩斯（Eric Rains）和尼尔·斯洛恩（Neil Sloane）推进了树的计数问题 |

个图中所有点的度都加起来，得到的必然是一个偶数，不妨设为 $N$。接下来，我们假设有 $x$ 个点的度为奇数，$y$ 个点的度为偶数。设所有奇数度的和为 $N_x$，而所有偶数度的和为 $N_y$，那么 $N_y$ 必然是偶数。因此，我们有 $N_x+N_y=N$，则 $N_x=N-N_y$。由此可以得到 $N_x$ 为偶数。但 $x$ 本身不能是奇数，因为奇数个奇数度相加的和必然是奇数。最终我们得到结论，$x$ 必须是偶数。

**非平面图** 公共设施问题是一个很古老的谜题。假设有三座房子和三种公共设施——天然气、电以及水。我们必须将每座房子都与这些公共设施连接在一起，但这里有一个要求——它们之间的连线不可以相交。

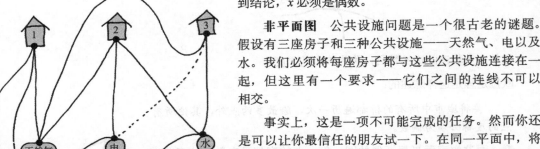

事实上，这是一项不可能完成的任务。然而你还是可以让你最信任的朋友试一下。在同一平面中，将三个点和另外三个点相连（只有九条线），所有这样的图都不可能没有边相交。这类图叫做非平面图。该公共设施图，以及将五个点两两相连所形成的图，在图论中占据着特殊的位置。1930 年，波兰数学家卡兹米尔兹·库拉图斯基证明了一个惊人的定理：一个图是平面图的充要条件是，以上所述的两个图都不是它的子图（子图是包含于原图中的图）。

**树** 树是一种特殊的图，与前文中的公共设施图以及哥尼斯堡图相差甚远。在哥尼斯堡七桥问题中，我们从某一点出发后，也许可以通过另外一条不同的路径返回该点。这种由一点出发而后又返回该点的路径称为环。不包含环的图称为树。

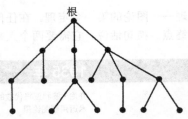

根

一个我们非常熟悉的树图的例子是计算机组织目录的方式。它们是以一种层级化的方式组织的，由一个根目录衍生出若干层目录。由于不存在环，因而不通过根目录，便无法从一个分支切换到另一个分支——这是计算机用户所熟悉的操作方式。

**计算树的数目**　给定特定数量的点，可以构造出多少种不同的树？数树的问题是由 19 世纪的英国数学家阿瑟·凯莱解决的。例如，对于五个点的情况，总共有三种不同的树。

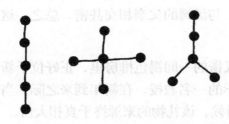

凯莱可以数出比较少的点所构造出的树的数目。他的成就最多达到少于 14 个点的树，在没有计算机的情况下，这对于人类的计算能力来说已经是接近极限了。从那以后，人们已经可以算出多达 22 个点所能构造出的树的数目。这总共有上百万种不同的类型。

即使在当时，凯莱的研究成果也得到了实际应用。对树计数与化学有一些相关之处，一些化合物的特性取决于它们分子中原子的排列方式。原子数目相同，但排列方式不同的化合物具有不同的化学性质。根据凯莱的分析结果，有可能在纸上预测出一些可能存在的化学物质，然后在实验室中找到它们。

# 穿桥进树

# 30 四色问题

谁会送给小汤姆这样的圣诞礼物，一套四色蜡笔和一张空白的英国郡县地图？可能是作为制图员的邻居碰巧送来的小礼物，也可能是那位脾气古怪的数学家，奥古斯都·德摩根送来的，他住在附近，与汤姆的父亲相交甚密。总之，这些礼物绝对不会是吝啬鬼斯克拷奇送来的。

克莱切特一家住在卡姆登镇贝汉街的一间褐色排房里，正好位于新开办的伦敦大学学院的北边，而德摩根正是该大学的一名教授。在新年到来之际，当教授打电话询问汤姆是否已经将地图涂上颜色的时候，该礼物的来源终于真相大白。

德摩根对地图应该如何着色有明确要求："将地图着色后，你必须保证两个有公共边界的郡县被涂上不同的颜色。"

"但我没有足够的蜡笔。"汤姆不假思索地回答。德摩根只是微微一笑，将这个任务留给了他。其实就在前不久，他的一名学生，弗雷德里克·格思里，便向他问起过这个问题，而且提到了一种使用四种颜色就可以按以上要求将英国地图着色的方法。这个问题激发了德摩根的数学想象力。

对于任何一张地图，是否使用四种颜色就足以保证相邻区域的颜色不同？几个世纪以来，制图员对此深信不疑，但可以给出一个严格的证明吗？我们可以考虑一下世界上除英国之外的其他任何国家的郡县地图，如美国的州地图和法国的省地图，甚至是人为制作的地图，它们都是由任意形状的区域和边界组成的。三种颜色显然绝对不够。

## 大事年表

| 公元 1852 年 | 1879 年 | 1890 年 |
|---|---|---|
| 德摩根的学生格思里向他提出了四色问题 | 肯普认为他解决了该问题 | 希伍德指出了肯普证明过程中的错误，并且证明了五色定理 |

让我们看一下美国西部的州地图。如果仅仅使用蓝、绿、红三种颜色，我们可以先从内华达州和爱达荷州开始。开始时选用哪个颜色是无所谓的，我们不妨为内华达选择蓝色，为爱达荷选择绿色。到现在为止还没有任何问题。同时，这个选择意味着必须将犹他州着为红色，然后，将亚利桑那州着为绿色，将加利福尼亚州着为红色，并将俄勒冈州着为绿色。这意味着俄勒冈州和爱达荷州都着为了绿色，因此，它们无法被区分开来。然而，如果我们有四种颜色，即增添一种黄色，我们便可以使用该颜色为俄勒冈州着色，这样就满足了所有的要求。那么这四种颜色——蓝色、绿色、红色以及黄色，对任意一张地图都足够了吗？这个问题即是著名的四色问题。

**美国西部的州地图**

**该问题的流传**　在德摩根发现了该问题的重要意义之后的 20 年内，四色问题仅在欧美的数学界内流传。19 世纪 60 年代，美国数学家和哲学家查尔斯·桑德斯·皮尔士认为自己已经证明了该问题，但我们对其证明过程却无从寻觅。

由于维多利亚时代的地理学家弗朗西斯·高尔顿的介入，该问题变得广为人知。他看到了将其公之于众的价值，因而促使杰出的剑桥数学家阿瑟·凯莱在 1878 年写了一篇介绍该问题的论文。凯莱承认自己无法给出证明，但他注意到我们只需集中注意力在每个交点上相邻只有三个国家的地图。这个贡献激发了他的学生阿尔弗雷德·布雷·肯普，他开始尝试寻找解决方法。仅仅一年之后，肯普宣布他找到了证明的方法。他得到了凯莱的衷心祝贺，并因此被选入了英国皇家学会。

**接下来发生了什么？**　肯普的证明过程非常冗长，而且技术要求比较高。尽管有一两个人对其一直持怀疑态度，但这个证明还是被广泛接受了。10 年后，柏西·希伍德找到了一个反例，指出了肯普证明过程中的不足，这给当时的人们一个不小的震惊。尽管他没能够给出自己的证明，但希伍

**1976 年**

阿佩尔和哈肯给出了一个
基于计算机的一般性证明

**1994 年**

该计算机证明得以简化，但仍
然还是一个基于计算机的证明

德告诉世人，四色问题的挑战之门仍然敞开着。现在数学家又该回到那块绘图板上了，这也给新人提供了一个一战成名的机会。通过使用肯普的一些技术，希伍德证明了五色定理——使用五种颜色就可以将任意一张地图着色。如果有人能够构造出一个无法用四种颜色着色的地图，那么五色定理便将是一个伟大的成就。数学家又处在了一个进退两难的境地：到底是四色还是五色？

单孔甜甜圈，即环面

基本的四色定理是关于画在平面或球面上的地图的。如果地图是画在像甜甜圈这样的曲面上会怎样——对于数学家来说，这种曲面的形状要比它的味道更具吸引力。对于这种曲面，希伍德证明了七种颜色是将画在其上面的地图着色的充要条件。他甚至证明出了对多孔（$h$ 个孔）甜甜圈曲面上的地图着色时，所需要的颜色数目——尽管他没有证明这些数目是所需要的最小值。下表是孔的个数 $h$ 为起始的几个自然数时所需要的颜色数。

双孔环面

| 孔的数量 $h$ | 1 | 2 | 3 | 4 | 5 | 6 | 7 | 8 |
|---|---|---|---|---|---|---|---|---|
| 需要的颜色数 $C$ | 7 | 8 | 9 | 10 | 11 | 12 | 12 | 13 |

一般地，$C = [1/2(7 + \sqrt{1+48h})]$，方括号意味着将里面的部分取整。例如，$h=8$ 时，$C=[13.310\ 7\cdots]=13$。希伍德的公式是在孔数大于 0 的条件下得出的。吸引人的是，如果将 $h=0$ 代入，这个公式给出的结果将是 $C=4$。

**该问题解决了吗?** 50 年后，这个在 1852 年提出的问题仍然是数学中的一个未解之谜。进入 20 世纪，那些最杰出的数学家对此仍然无能为力。

尽管如此，人们还是取得了一些进展。一位数学家证明了四种颜色对于包含 27 个国家的地图是足够的，另一位数学家将这个数字增加到了 31，后来又有人将其增加到了 35。如果以这种方式证明下去，永远都不会有尽头。事实上，肯普和凯莱的早期论文中所得到的一些结论，为我们指明了一条更好的前进道路。数学家们发现，他们只需要检验某些特定的地图构形，以保证四种颜色是足够的。但问题是，要检验的数量实在太多了——在证明的初始阶段，有上千种不同的地图构形要检验。这种检验是无法手工完成的，幸运的是，一位对此问题研究了多年的德国数学家沃尔夫冈·哈肯，得到了美国数学家和计算机专家肯尼思·阿佩尔的帮助。一个巧妙的方法将需要检验的构形数量降低到了 1500 以下。到了 1976 年的 6 月末，经过长时间不眠不休的研究，此工作终于完成了。在他们所信赖的那台 IBM 370 计算机的帮助下，他们终于成功地解决了这个伟大的问题。

伊利诺伊大学数学系又有了一项新的数学成就值得宣扬。他们将所用信封的宣传戳从"$2^{11\,213}-1$ 是质数"换成了"四色足矣"。这确实是当地的荣誉，但全世界数学界的喝彩声又在哪呢？毕竟这个古老的、连汤姆这样的 10 岁孩童都可以理解的问题，将一些最伟大的数学家戏弄和折磨了一个多世纪。

喝彩声零零散散。一些人勉强接受了该工作成果，但很多人还是持怀疑态度。麻烦之处在于，这是一个电脑完成的证明，而非采用传统的数学证明方式。人们已经预料证明方法可能会很难理解，证明过程可能会很长，但计算机证明这一步的跨越还是有点太大了。它引出了"可验证性"的问题。人们如何去检验证明过程所依赖的那上千行代码呢？计算机编程的错误时有发生，而一个错误则会带来毁灭性的后果。

不只如此。这个证明过程所真正缺少的是一个"啊哈，原来如此"的要素。人们如何能够阅读证明的过程，欣赏这个问题的精妙之处，或者体验论证中最紧要的部分，"啊哈，原来如此"的那一刻呢？一个最猛烈的批评者是杰出的数学家保罗·哈尔莫斯。他认为计算机证明的可信度与算命者的差不多。然而，很多人还是承认这项成就的，只有那些鲁莽和愚蠢的人才会消耗宝贵的研究时间去寻找需要五种颜色着色的反例。他们在阿佩尔和哈肯之前可能会这样做，但在这个证明完成之后就绝对不会了。

**证明完成之后** 自 1976 年之后，需要检验的构形数量又减少了一半，而计算机的运算速度越来越快，性能越来越强大。但即便如此，数学界还是在等待一个以传统方式做出的更加简洁的证明。同时，四色定理在图论中又衍生出了许多新的重要问题，而且它还有一个附带影响。那就是，它挑战了数学家对于数学证明应该是什么样子的原有概念。

# 四色足矣

# 31 概率

明天有多大几率下雪？我有多大可能性会赶上早班火车？你有多大概率能赢得彩票？在日常生活中，当我们想要知道答案时，我们总会用到概率、可能性、几率这些词。它们也是数学概率论中所使用的词汇。

概率论非常重要。它和不确定性有关，是评估风险的关键要素。但是一个涉及不确定性的理论如何被定量呢？毕竟，数学是一门精确的科学。

真正的问题是如何定量概率。

我们看一下地球上最简单的例子——抛硬币。硬币落下后是正面朝上的概率有多大呢？我们可能马上会说出概率是 1/2（有时也表述为 0.5 或 50%）。我们假设这枚硬币是一枚质地均匀的硬币，也就是说结果为正面和为反面的机会相等，那么结果是正面的概率就是 1/2。

抛硬币问题，盒子里的小球问题，以及其他一些"机械"的问题相对都比较简单易懂。关于概率的度量有两个主要的理论。观察硬币的两面对称性是一种方法。另一种方法是相对频率，即我们将该试验重复很多次并数出正面朝上的次数。但是多少次算很多次呢？我们很容易相信正面次数和反面次数的比例大约是 50：50，但是如果我们继续进行试验，这个比例有可能会改变。

但是，怎样对明天下雪的概率给出一个有意义的度量？结果有两种可能：下雪或者不下雪。但是，不像抛硬币一样，我们无法确认两种结果的

**大事年表**

约公元 17 世纪 50 年代 | 1785 年

帕斯卡和惠更斯为概率论奠定了基础

康多赛（Condocet）将概率论用于分析陪审团评判和选举系统

概率是否相等。估算明天下雪的概率需要考虑当时的天气状况和一系列其他的因素。但即便这样也不可能得到一个精确的概率值。尽管可能得不到一个具体的数字，我们还是可以得到一个"置信程度"，即概率比较低、中等或者比较高。在数学里，概率用 0 到 1 之间的值来度量。不可能发生的事件的概率为 0，确定性事件的概率为 1。概率 0.1 表示一个较低的概率，而 0.9 表示一个较高的概率。

**概率的起源** 关于概率的数学理论可以追溯到 17 世纪布莱士·帕斯卡、费马和安托瓦尼·贡博（也叫薛瓦利埃·德·梅里）对赌博问题的讨论。他们发现一个简单却费解的赌博问题。梅里的问题是：将一颗骰子掷 4 次得到一次"6"，和将两颗骰子掷 24 次得到一次"双 6"，出现哪个的概率更高？你会把赌注压在哪个上？

当时人们普遍认为应当将赌注押在双 6 上，因为投掷骰子的次数相对多一些。但是如果分析一下概率，就会发现这种观点是错误的。下面是计算概率的过程。

**掷一颗骰子** 对于单次投掷，结果不是 6 的概率是 $\frac{5}{6}$，因此，投掷 4 次结果都不是 6 的概率就是 $\frac{5}{6} \times \frac{5}{6} \times \frac{5}{6} \times \frac{5}{6}$，即 $\left(\frac{5}{6}\right)^4$。因为每次投掷的结果互不影响，即它们是"彼此独立"的，因此我们可以将概率相乘。最后，至少得到一次 6 的概率是

$$1 - \left(\frac{5}{6}\right)^4 = 0.517\,746\cdots$$

**掷两颗骰子** 对于单次投掷，结果不是双 6 的概率是 $\frac{35}{36}$，则投掷 24 次结果都不是双 6 的概率为 $\left(\frac{35}{36}\right)^{24}$。因此至少得到一次双 6 的概率是：

$$1 - \left(\frac{35}{36}\right)^{24} = 0.491\,404\cdots$$

**1812 年**
拉普拉斯发表了 2 卷 *Analytical Theory of Probabilities*（《概率的解析理论》）

**1912 年**
凯恩斯发表了他的 *Treatise on Probability*（《关于概率的论文》），该书对他后来在经济学和统计学方面的理论产生了重要的影响

**1933 年**
科尔莫戈罗夫（Kolmogorov）用一种公理化的方式对概率进行了阐述

我们可以对这个例子做进一步研究。

**双骰游戏** 双骰投掷是流行的双骰游戏的基础。投掷两个不同的骰子（分别为红色和蓝色），会出现 36 种可能的结果，这些结果可以记为 $(x, y)$。可以将它们表示为 $x/y$ 轴平面上的 36 个点——这种表示称为"样本空间"。

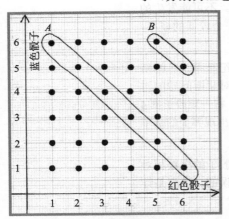

关于两种骰子的样本空间

让我们考虑一下"事件" $A$：两个骰子的点数加起来等于 7。有六种和为 7 的不同组合，因此我们可以将事件 $A$ 表示为

$$A = \{(1,6), (2,5), (3,4), (4,3), (5,2), (6,1)\}$$

并且将图中的这些点圈起来。$A$ 发生的概率是 36 次中发生 6 次，可以表示为 $Pr(A) = \frac{6}{36} = \frac{1}{6}$。如果 $B$ 表示点数之和为 11 的事件，则 $B = \{(5,6),(6,5)\}$，$Pr(B) = \frac{2}{36} = \frac{1}{18}$。

在双骰游戏中，将两颗骰子同时投掷在桌子上，第一次投掷你可能赢也可能输，但是有些点数不会失去所有分数，因此你可以进入第二次投掷。如果你第一次掷出了 $A$ 或者 $B$，那么你就赢了。掷出 $A$ 或 $B$ 的概率是掷出 $A$ 和掷出 $B$ 的概率之和，$\frac{6}{36} + \frac{2}{36} = \frac{8}{36}$。如果第一次掷出一个 2、3 或者一个 12，那么你就输了。按照上面的计算方式，第一次投掷输的概率是 $\frac{4}{36}$。如果掷出的点数之和为 4、5、6、8、9 或者 10，你可以掷第二次，这种情况的概率是 $\frac{24}{36}$。

在赌博中，概率表示为赔率。在双骰游戏中，每玩 36 次，平均有 8 次在第一次投掷时获胜，有 28 次未获胜，所以第一次投掷的赔率是 $\frac{28}{8}$，即 $\frac{3.5}{1}$。

**打字的猴子** 阿尔弗雷德是当地动物园的一只猴子。它有一台老式打字机，上面有 26 个字母键，一个句号键，一个逗号键，一个问号键和一个空格键——总共 30 个键。它充满文学热情地坐在一个角落里，但是它打字的方法非常有趣——它以随机的方式敲打键盘。

任何的字母序列出现的概率均非零，所以这只猴子是有可能将莎士比亚戏剧中的词语全部正确地打出来的。

　　此外，它甚至有可能（尽管很小）在此之后打出法语的译本，接着是西班牙语译本，然后是德语译本。为了更精细地测算，我们甚至可以允许它继续打出华兹华斯的诗。发生这一切的概率非常小，但绝对不是零。这就是关键所在。让我们来看看它多长时间可以打出哈姆雷特的那段从"To be or"开始的独白。我们设想有 8 个格子，其中放置了包括空格在内的 8 个字母。

| T | o | | b | e | | o | r |
|---|---|---|---|---|---|---|---|

第一个格子中有 30 种可能的输入，第二个也是 30 种，以此类推。因此，要填满这 8 个格子，总共有 30×30×30×30×30×30×30×30 种可能的方式。阿尔弗雷德打出"To be or"的概率是 $\dfrac{1}{6.561 \times 10^{11}}$。如果阿尔弗雷德每秒敲击一次键盘，那么它打出"To be or"所需时间的期望值是 20 000 年，这要求它必须是非常长寿的灵长类动物。所以，你还是不要屏住呼吸等待它打出整个莎士比亚戏剧了。阿尔弗雷德大部分时间打出的都是"*xo，h？yt？*"这样没有意义的废话。

　　**这个理论的发展历程**　　在应用概率论的时候，结果可能会有争议，但是至少其数学基础是稳固的。1933 年，安德雷·柯尔莫哥洛夫在公理的基础上定义了概率——非常像两千年前定义几何法则的方式。

　　概率是通过以下公理定义的：

　　(1) 所有事件发生的概率为 1；

　　(2) 概率值大于或者等于 0；

　　(3) 当事情不是同时发生时，概率可相加。

　　通过这些用技术性语言表述的公理，可以推导出概率的数学性质。概率的概念可以被广泛应用。现代社会的很多领域都离不开概率。风险分析、运动、社会学、心理学、工程设计、融资，等等——例子数不胜数。有谁料到 17 世纪这些想法在赌博问题推动下，会产生出如此庞大的一个学科。这件事发生的概率又是多少呢？

# 胜利的秘密武器

# 32 贝叶斯定理

托马斯·贝叶斯（Rev. Thomas Bayes）的早期生活是难以考究的。他大概在1702年出生于英国东南部，后来成为了非国教徒的宗教部长，同时还赢得了数学家的美誉，在1742年被选入伦敦皇家学会。贝叶斯的著名论文《机遇理论中一个问题的解》（*Essay towards solving a problem in the doctrine of chances*）发表于1763年，即他去世后的第二年。它给出了一个计算逆概率（"反过来"的概率）的公式，并帮助建立起贝叶斯主义中的一个核心概念——条件概率。

贝叶斯学派以托马斯·贝叶斯的名字命名，他们是不同于传统频率学派的另一个统计学学派。频率学派完全从客观数据的角度来理解概率。而贝叶斯学派的观点是以著名的贝叶斯公式和定理为核心，他们将主观上的置信程度当作数学概率来对待。

**条件概率** 设想有一位生性活泼的"为什么"医生，他的职责是为病人诊断麻疹。一些斑点可以作为麻疹的病象，但是又不能完全靠它们来诊断麻疹。一些麻疹患者可能不会出现斑点，而一些出现斑点的病人又不一定患有麻疹。病人在出现斑点的情况下患有麻疹的概率是一个条件概率。贝叶斯学派在公式中使用一条竖线表示"在……条件下"，所以，如果我们写为

prob（病人出现斑点 | 病人患有麻疹）

那么，它意味着一个病人在患有麻疹的条件下出现斑点的概率。prob（病人出现斑点 | 病人患有麻疹）不同于 prob（病人患有麻疹 | 病人出现斑点），

## 大事年表

| 公元 1763 年 | 1937 年 |
|---|---|
| 贝叶斯发表了关于概率的文章 | 德费奈蒂（De Finetti）提倡将主观概率作为频率学说的另一种选择 |

两者相比较，其形式正好相反。贝叶斯公式是由一个概率计算另一个概率的公式。数学家们最喜欢做的事情就是用符号来表示事物。因此，让我们用 $M$ 表示"病人患有麻疹"，用 $S$ 表示"病人出现斑点"。符号 $\tilde{S}$ 表示"病人没有出现斑点"，而 $\tilde{M}$ 表示"病人没有患麻疹"。我们可以将它们表示在一张维恩图中。

"为什么"医生得知总共有 $x$ 位病人既患有麻疹又出现斑点，$m$ 位病人患有麻疹，而病人的总数为 $N$。从维恩图可以看出，病人既患有麻疹又出现斑点的概率是 $x/N$，而病人患有麻疹的概率是 $m/N$。病人在患有麻疹的条件下出现斑点的条件概率，记为 $\text{prob}(S|M)$，其值为 $x/m$。将这些综合起来，"为什么"医生得到了病人既患有麻疹又出现斑点的概率是

$$\text{prob}(M \& S)=\frac{x}{N}=\frac{x}{m}\times\frac{m}{N}$$

或

$$\text{prob}(M \& S)=\text{prob}(S|M)\times\text{prob}(M)$$

以及

$$\text{prob}(M \& S)=\text{prob}(M|S)\times\text{prob}(S)$$

**贝叶斯公式** 将以上两个关于 $\text{prob}(M\&S)$ 的表达式合为一个等式，我们便得到了贝叶斯公式，它表示的是条件概率和其逆概率之间的关系。"为什么"医生对 $\text{prob}(S|M)$，即病人在患有麻疹的条件下出现斑点的条件概率了如指掌。他所感兴趣的是反过来的条件概率，即如果病人出现斑点，那么他患有麻疹的可能性有多大。这正是他论文中的贝叶斯公式所处理的逆问题。要将这些概率计算出来，我们需要给出一些具体的数字。病人在患有麻疹的条件下出现斑点的概率 $\text{prob}(S|M)$ 会比较大，不妨设为 0.9，而"为什么"医生能够大概知道这个

维恩图

显示了出现斑点和患有麻疹之间的逻辑结构

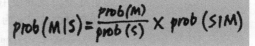

贝叶斯公式

$$\text{prob}(M|S)=\frac{\text{prob}(M)}{\text{prob}(S)}\times\text{prob}(S|M)$$

| 1950 年 | 20 世纪 50 年代 | 1992 年 |
| --- | --- | --- |
| 吉姆·萨维奇（Jimmy Savage）和丹尼斯·林力（Dennis Lindley）带头发起了现代贝叶斯运动 | "贝叶斯学派"一词第一次应用 | 贝叶斯分析国际协会成立 |

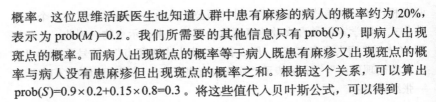

概率。这位思维活跃医生也知道人群中患有麻疹的病人的概率约为 20%，表示为 prob($M$)=0.2。我们所需要的其他信息只有 prob($S$)，即病人出现斑点的概率。而病人出现斑点的概率等于病人既患有麻疹又出现斑点的概率与病人没有患麻疹但出现斑点的概率之和。根据这个关系，可以算出 prob($S$)=0.9×0.2+0.15×0.8=0.3。将这些值代入贝叶斯公式，可以得到

$$\text{prob}(M|S)=\frac{0.2}{0.3}\times 0.9 = 0.6$$

结论是，在所有出现斑点的病人当中，这位医生所正确诊断出的麻疹患者总共占 60%。假设现在医生得到了更多关于麻疹的信息，因此确诊的概率提高了。他得知麻疹病人出现斑点的概率 prob($S|M$) 从 0.9 上升到了 0.95，而非麻疹患者出现斑点的概率 prob($S|\tilde{M}$)，从 0.15 降低到了 0.1。这些改变是如何提高他对麻疹的诊断率的呢？新的 prob($M|S$) 等于多少？根据这些新信息， prob($S$)=0.95×0.2+0.1×0.8 = 0.27。因此， prob($M|S$) 等于 0.2 除以 prob($S$)=0.27，再乘以 0.95，结果等于 0.704。因此，根据更新后的信息，现在"为什么"医生可以诊断出 70% 的麻疹患者了。如果将上面两个概率又分别改为 0.99 和 0.01，那么 prob($M|S$) 的值又变成了 0.961，即诊断的成功率变成了 96%。

**现代贝叶斯学派** 当概率值可被测量时，传统的统计学家们很少会因为贝叶斯公式的使用而发生争吵。真正的争议点在于将概率解释为置信程度（有时也被定义为主观概率）。

在法庭上，有罪或无罪有时是根据"概率的平衡"判定的。频率学派很难接受用概率来判定一个囚犯是否有罪。而贝叶斯学派却不在乎这种带有主观感情色彩的方式。这种判决方法具体是如何工作的？如果我们要使用概率平衡的方法来判定有罪无罪，那么接下来我们将要看看概率是如何"变戏法"的。这里列举一种可能的情况。

一位陪审员在法庭上听到一件案子，他断定被告有罪的概率大概是 1%。通过陪审团讨论决议，他们决定回到法庭继续聆听起诉者所提供的更多证据。在被告嫌疑人的家中发现了一把枪，控方律师宣称，如果被告嫌

疑人有罪，那么找到枪的概率高达 0.95，而如果被告嫌疑人无罪，那么找到枪的概率仅有 0.1。因此，在被告嫌疑人有罪的条件下找到枪的概率要远远大于在他们无罪的条件下找到枪的概率。现在，摆在陪审员面前的问题是如何根据这条新的证据来改变他们对于犯罪嫌疑人的看法？用我们先前的符号，G 表示"被告嫌疑人有罪"，E 表示"找到了新的证据"。陪审团开始时估计出的犯罪概率为 prob(G)=1% 或 0.01。这个概率称为先验概率。prob(G|E) 是根据新证据 E 而重新评估出的概率，称为后验概率。下面这个式子便是贝叶斯公式

$$prob(G|E) = \frac{prob(E|G)}{prob(E)} \times prob(G)$$

这个式子显示了先验概率如何更新到后验概率 prob(G|E)。类似前边麻疹患者例子中计算 prob(S) 的方式，我们可以计算出 prob(E)，并且得到

$$prob(G|E) = \frac{0.95}{0.95 \times 0.01 + 0.1 \times 0.99} \times 0.01 = 0.088$$

这个结果使得陪审团进退两难，因为陪审团开始估计出的 1% 的犯罪概率上升到了大概 9%。如果起诉者提出的证据更加有力，即如果被告嫌疑人有罪，那么找到枪的概率是 0.99，而如果被告嫌疑人无罪，那么找到枪的概率是 0.01。将这些数值重新代入贝叶斯公式，陪审团将需要把犯罪概率的估计值从 1% 改变为 50%。

在这类情况下使用贝叶斯公式遭到了批评。最大的争议是人们如何能得到先验概率。而人们给它投赞成票是因为它提出了一种处理主观概率的方法，并且可以根据新的证据对概率进行更新。贝叶斯方法在诸多领域中都得到了应用，如气象预报、犯罪评审等。它的支持者们一直都在宣扬它的公正和务实。它确实有很多值得尝试之处。

# 根据证据来更新置信程度

# 33 生日问题

假设你正坐在卡拉彭公共汽车的顶层，除了数出每天早晨搭乘公共汽车去上班的乘客有多少人，没有其他事情可做。这些乘客们很有可能素不相识，因此我们可以有把握地假设他们的生日随机分布在1年中的365天。包括你在内，车上总共有23名乘客。虽然这个数字并不大，但是我们可以自信地声称，其中至少有2个人生日相同的概率大于50%。你相信吗？大多数人不相信，但是这确实是真实的。即使是经验丰富的概率学专家，威廉·费勒，对此结果也非常吃惊。

现在，卡拉彭公共汽车对我们来说有点太小了，我们要把场景换成一个更大的房间。房间里需要聚集多少人，才能保证有 2 个人生日相同？一年有 365 天（为了将问题简单化，我们不考虑闰年的情况），因此，如果房间里有 366 人，则至少将有 2 个人生日相同。他们的生日不可能都各不相同。

这是由鸽笼原理决定的：在 $n$ 只鸽笼中放 $n+1$ 只鸽子，则必然有一只鸽笼中至少放了 2 只鸽子。如果总共有 365 个人，那么我们无法保证有 2 个人生日相同，因为他们的生日可能是一年中各不相同的 365 天。但是，如果 365 个人都是随机选取的，那么这种情况将不太可能发生，即所有人生日各不相同的概率微乎其微。即使房间中仅有 50 个人，那么有两个人生日相同的概率也将高达 96.5%。如果房间里的人数进一步减少，这个概率也会随之减小。我们发现 23 是能够保证这个概率大于 $\frac{1}{2}$ 的最小数字，如果房间里有 22 个人，那么这个概率将小于 $\frac{1}{2}$。数字 23 是一个临界数字。尽管

## 大事年表

| 1654 年 | 1657 年 | 1718 年 |
|---|---|---|
| 帕斯卡为概率论奠定了基础 | 惠更斯写出了第一篇发表的关于概率的论文 | 棣莫弗（Abraham de Moivre）发表了《机会论》（ The Doctrine of Chance ），在 1738 年和 1756 年又发表了 2 个扩展版本 |

这个经典的生日问题的答案听起来如此惊人，但它绝对不是个谬论。

**我们可以证明它吗** 我们怎样才能对这个结果深信不疑呢？让我们随机选择一个人。另一个人和这个人生日相同的概率等于 $\frac{1}{365}$，因此这两个人生日不同的概率等于 1 减 $\frac{1}{365}$（或 $\frac{364}{365}$）。第三个随机选择的人和前面两个人中一个生日相同的概率等于 $\frac{2}{365}$，即他和这两个人生日都不相同的概率等于 1 减 $\frac{2}{365}$（或 $\frac{363}{365}$）。这三个人生日各不相同的概率等于以上两个概率的乘积，即 $\frac{364}{365} \times \frac{363}{365}$，等于 0.991 8。

以这个思路继续计算 4，5，6……个人的情况，我们可以将这个谜题最终解开。当我们用手持计算器计算 23 个人的情况时，我们得到的结果是他们生日互不相同的概率等于 0.492 7。"他们生日互不相同"的相反面是"他们中至少有 2 个人生日相同"，这个概率等于 1–0.492 7=0.507 3，大于临界值 $\frac{1}{2}$。

如果 $n=22$，那么有两个人生日相同的概率为 0.475 7，小于 $\frac{1}{2}$。这个乍看起来很荒谬的问题是很难用语言阐述清楚的。这个问题所围绕的是两个人生日相同的概率，但是它并不能告诉我们生日相同的具体是哪两个人。我们无法知道匹配到底降临在了哪些人身上。如果房间里的汤姆森先生的生日是 3 月 8 日，我们可以提出另一个问题。

**有多少人的生日正好与汤姆森先生相同** 对于这个问题，计算的方法将有所不同。汤姆森和另一个人生日不同的概率是 $\frac{364}{365}$，因此，他和房间中其他 $n-1$ 个人生日都不相同的概率为 $\left(\frac{364}{365}\right)^{n-1}$。即，汤姆森和某个人生日相同的概率等于 1 减去这个值。

**20 世纪 20 年代**

玻色将爱因斯坦的理论
考虑成一个占位问题

**1939 年**

理查·冯·密瑟斯（Richard
von Mises）提出了生日问题

如果我们计算 $n=23$ 的情况，这个概率仅为 0.061 151，即其他某个人的生日也是 3 月 8 日的概率仅为 6%。如果我们增大 $n$ 的值，这个概率也随之增加。我们需要将 $n$ 的值增大到 254（包括汤姆森先生在内），这个概率才大于 $\frac{1}{2}$。当 $n=254$ 时，这个概率值等于 0.500 5。这个值是临界点，因为 $n=253$ 时的概率值等于 0.499 1，小于 $\frac{1}{2}$。因此，房间里至少必须有 254 个人，才能保证汤姆森先生和其他某个人生日相同的概率大于 $\frac{1}{2}$。比起前面那个经典生日问题的结论，这个结果似乎更符合我们的直觉。

**其他生日问题**　生日问题被以多种不同的方法进行推广。其中一个是考虑 3 个人生日相同的概率。在这种情况下，需要有 88 个人才能保证有 3 个人生日相同的概率大于 $\frac{1}{2}$。相应地，还可以考虑 4，5……个人生日相同的概率。如果总共有 1 000 个人，那么其中有 9 个人生日相同的概率大于 $\frac{1}{2}$。

还有一类生日问题考虑的是生日彼此接近的情况。在这个问题中，我们所关心的事件是有两个人的生日相差的天数小于某一个数字。可以证明，只要房间里有 14 个人，就可以保证有 2 个人生日相差在 1 天之内（包含 1 天）的概率大于 $\frac{1}{2}$。

女生　男生

另一类需要用到更复杂的数学工具的生日问题涉及男生和女生：如果一个班级有相同数量的男生和女生，那么这个班级至少需要有多少个学生，才能使得有一个男生和一个女生生日相同的概率大于 $\frac{1}{2}$？

这个问题的结论是：班级里最少需要有 32 名学生（16 个男生和 16 个女生）才能保证这个概率大于 $\frac{1}{2}$。我们可以将这个结论和经典生日问题的 23 个人的结论比较一下。

将这个问题稍微改变一下，我们就可以得到其他新问题（但是，它们并不容易回答）。假设鲍勃·迪伦演唱会的大厅外排了很长的队伍，而且队伍是以随机的方式排列的。因为我们所感兴趣的是生日问题，所以暂不考虑双胞胎或三胞胎一起进场的概率。当歌迷们进入大厅的时候，他们被要求告知生日。这其中的数学问题是：在两个生日相同的人相继进入大厅之前，已经进去的人数的期望值是多少？另一个问题是：当即将进入的一名观众与汤姆森先生的生日（3月8日）相同时，已经进去了多少名观众？

对于该生日问题，首先要假设所有人的生日是均匀分布的，而对于随机抽出的任何一个人，其生日是一年中任何一天的概率都相等。实验结果表明这条假设并不一定完全成立（夏季出生的人要更多些），但是对于应用来说，这个精确程度也足够了。

生日问题其实是占位问题的实例。在占位问题中，数学家们考虑将小球放入不同的隔间里。在生日问题中，隔间数是365（对应365个可能的生日），而等待随机摆放的小球对应那些乘客。该问题可以简化为，考察两个小球落入一个相同隔间的概率。而对于男生——女生问题，则用2种不同颜色的小球。

对生日问题感兴趣的不仅仅是数学家。萨特延德拉·纳特·玻色（Satyendra Nath Bose）被爱因斯坦的光子理论所吸引。他跳出了传统的研究思路，而将该问题看作一个占位问题。对他来说，隔间代表的不再是生日问题中的一年中的各天，而是光子的各能级。在生日问题中，隔间里摆放的是乘客，而在这里，他摆放的是光子。占位问题在科学界还有很多的应用。例如，在生物学里，疫情的扩散可以用占位问题来建模——在这个例子里，隔间对应地理区域，而小球对应疾病，要解决的问题是病情是如何分布的。

这个世界中充满了神奇的巧合，但是只有数学能够帮助我们算出它们的概率。经典生日问题只是这方面的冰山一角，这也是严谨数学和实际应用的一个伟大结合。

# 计算巧合

# 34 分布

拉迪斯劳斯·J. 博尔特基维茨着迷于死亡率表格。对他而言，这并不是一个悲观的话题，而是一个永无止境的科学探索领域。他由于计算出了普鲁士军队里被马踢死的骑士人数而闻名于世。之后一位电子工程师富兰克·本福德，对不同种类数据的第一位进行了计数，以观察它们中有多少是1，2…。在哈佛教授德语的乔治·金斯利·齐普夫则对语言学很感兴趣，对文字段落中单词的出现次数进行了分析。

所有这些例子都涉及度量事件的概率。一年中有 $x$ 个骑士被马踢致死的概率是多大？将每一个 $x$ 值所对应的概率列出来，便得到了其概率分布。这是一个非连续性的分布，因为 $x$ 值只能是分离散的值——每个值之间有间隔。可以有 3 个或者 4 个普鲁士骑兵死于马踢，但不能有 $3\frac{1}{2}$ 个。正如我们将看到的，在本福德分布的例子中，我们只对数字 1，2，3…出现的概率感兴趣，而对于齐普夫分布，你可能将单词"it"排在了第 8 个位置，但不会是第 8.23 个位置。

**普鲁士军队的生与死** 博尔特基维茨收集了 20 年中 10 个军队的记录，由此得到了 200 个军队-年的数据。他观察了死亡的数目（数学家们称为变量）以及和这个数目相对应的军队-年数目。比如有 109 个军队-年中没有士兵死亡，而有 1 个军队-年中有 4 个士兵死亡。军队 C 在某一年中有 4 个士兵死亡。

## 大事年表

| 公元 1837 年 | 1881 年 | 1898 年 |
|---|---|---|
| 泊松描述了以他名字命名的泊松分布 | 纽科姆发现了著名的本福德法则 | 博尔特基维茨分析了普鲁士士兵死亡年龄的分布 |

死亡数目是如何分布的呢？除了记录结果外，收集这些信息也是统计学家的一项工作。博尔特基维茨得到了下面的数据：

| 死亡数目 | 0 | 1 | 2 | 3 | 4 |
|---|---|---|---|---|---|
| 频率 | 109 | 65 | 22 | 3 | 1 |

谢天谢地，马踢致死只是很罕见的事件。泊松分布是最适合描述罕见事件发生概率的理论模型。根据这项技术，博尔特基维茨能否不看马厩就预测出结果呢？泊松分布理论告诉我们，死亡数目（我们叫做 $\chi$）的概率值 $r$ 通过泊松公式给出，公式中的 $e$ 是之前讨论过的与增长有关的特殊常数（见第 6 章），而感叹号代表阶乘，即将 1 到这个数之间的所有整数相乘（见第 6 章）。希腊字母 lambda，记为 $\lambda$，代表死亡数目的平均值。我们需要遍历 200 个军队-年得到平均值，所以我们用死亡数 0 乘以 109 军队-年（得 0），死亡数 1 乘以 65 军队-年（得 65），死亡数 2 乘以 22 军队-年（得 44），死亡数 3 乘以 3 军队-年（得 9），死亡数 4 乘以 1 军队-年（到 4），然后将这些相加（得 122）后再除以 200。所以每个军队-年的死亡数平均值是 122/200=0.61。

$$e^{-\lambda}\lambda^{\chi}/\chi!$$
泊松公式

通过将 $r$=0，1，2，3，4 代入泊松公式，可以得到理论概率值（我们称其为 $p$）。结果为

| 死亡数 | 0 | 1 | 2 | 3 | 4 |
|---|---|---|---|---|---|
| 概率 $p$ | 0.543 | 0.331 | 0.101 | 0.020 | 0.003 |
| 该死亡数频率的期望值：200×$p$ | 108.6 | 66.2 | 20.2 | 4.0 | 0.6 |

看上去理论分布和博尔特基维茨所收集的实验数据十分吻合。

**首位数字** 如果我们分析电话簿中某列号码的末位数字，我们应当会发现数字 0，1，2，…，9 是均匀分布的。它们随机出现，所有数字出现的几率都相等。1938 年，电子工程师富兰克·本福德发现对于某些数据来说，

**1938 年**
本福德重述了第一位数字的分布法则

**1950 年**
齐普夫得到了一个单词使用频率的公式

**2003 年**
泊松分布被用于分析北大西洋的鱼群

情况并不是这样的。事实上他重新发现了西蒙·纽科姆（Simen Newcomb）于 1881 年首先发现的一个定律。

昨天，我做了一个小实验。我仔细分析了一张全国性报纸的外汇数据。这里有很多外币汇率数据，例如 2.119，表示你需要用 2.119 美元兑换 1 英镑。同样，你需要用 1.59 欧元兑换 1 英镑或者用 15.390 港币兑换 1 英镑。我观察了这些数据的首位数字，并且记录在下面的表格中

| 第一位 | 1 | 2 | 3 | 4 | 5 | 6 | 7 | 8 | 9 | 总和 |
|---|---|---|---|---|---|---|---|---|---|---|
| 出现次数 | 18 | 10 | 3 | 1 | 3 | 5 | 7 | 2 | 1 | 50 |
| 百分比，% | 36 | 20 | 6 | 2 | 6 | 10 | 14 | 4 | 2 | 100 |

这些结果支持本福德定律，该定律认为对于某些种类的数据，大约有 30% 的数据其首位数字为 1，有 18% 的数据其首位数字是 2，等等。这和电话号码末位数字的平均分布显然是不一样的。

为什么这么多的数据集遵循本福德定律？原因并不明显。19 世纪，当西蒙·纽科姆使用数学表格观察到这个现象时，他或许没有想到它会分布如此广泛。

本福德分布可以在体育比赛的分数、股市数据、房间号、国家的人数和河流长度中找到。度量单位并不重要——河流长度的度量单位是米还是公里都没什么关系。本福德定律具有实际的应用。一旦发现账目信息遵循这一法则，便可以很容易地发现其中的错误，从而揭发骗局。

**单词** 乔治·金斯利·齐普夫的兴趣之一是以不寻常的方式对单词计数。英文中出现最频繁的 10 个单词是下面列出的这 10 个单词

| 等级 | 1 | 2 | 3 | 4 | 5 | 6 | 7 | 8 | 9 | 10 |
|---|---|---|---|---|---|---|---|---|---|---|
| 单词 | the | of | and | to | a | in | that | it | is | was |

这个结果是通过对大量的涵盖各个领域的文本进行统计得到的。最常见的单词排在第 1 位，然后是第 2 位，依次类推。如果只分析其中一定范围的文本，其统计结果可能会有些差别，但差别不会很大。

"the"排在第一位和"of"排在第二位并不奇怪。这个列表一直继续着，你可能想知道"among"排在 500 位，"neck"排在第 1 000 位。我们只考虑其中的前十位。如果你随机选择一个文档，对其中总的单词进行计数，你可能会得到几乎相同的排名。令人惊讶的是文本中这些单词出现次数之间的关系。单词"the"的出现频率是"of"的 2 倍，是"and"的 3 倍，等等。具体数字可以通过一个著名的公式得到。这是齐普夫从实验数据中发现的实验规律。齐普夫定律告诉我们，排在第 $r$ 位的单词出现的百分比可以由如下公式得到

$$\frac{k}{r} \times 100$$

其中，数字 $k$ 仅仅取决于作者的词汇表。如果某个作者使用了所有的英语单词，大概一百万个，则 $k$ 的值约等于 0.069 4。根据齐普夫公式，单词"the"将占到文本中所有单词的 6.94%。用同样的方式可以得到"of"所占的百分比是它的一半，大约 3.74%。那么，这个富有才学的作者写出的一篇 3000 字的文章中，将会出现 208 个"the"和 104 个"of"。

对于单词量只有 2 万的作者，$k$ 的值增加到 0.095 4，因此会出现 286 个"the"和 143 个"of"。词汇量越小，"the"出现的频率就越高。

**凝视水晶球** 不管是泊松、本福德还是齐普夫，所有这些分布都可以让我们做出一些预测。我们可能无法预测某件事绝对会发生，但是知道它们的概率的分布总比一无所知强得多。除这三种分布之外，还有其他的一些分布，比如二项分布、负二项分布、几何分布、超几何分布等，统计学家拥有一系列的有效工具帮助他们分析人类活动的各个领域。

# 数量预测

# 35 正态曲线

**正态曲线在统计学中扮演着至关重要的角色。它被称作是数学中直线的等价物。它当然含有很多非常重要的数学性质，但是如果我们去分析一些原始数据，我们很少会发现它们的分布曲线是精确的正态曲线。**

正态曲线通过一个特定的数学公式表达，它给出了一个钟形曲线，即中间是一个驼峰状的隆起，两边是渐渐趋近于 0 的拖尾。正态曲线的重要意义更多地体现在理论上，而不是自然存在中，而且它有着悠久的历史。1733 年，为了逃避宗教迫害而流亡到英国的法国雨格诺教徒亚伯拉罕·棣莫弗（Abraham de Moivre），在对可能性进行分析时提到了它。拉普拉斯发表了一些关于它的结果，而高斯在天文学中用到了它，在提到高斯误差定律时，人们有时也会想到它。

凯特莱（Adolphe Quetelet）在他发表于 1835 年的社会学研究著作中使用了正态曲线，他用正态曲线来衡量与"平均人"之间的偏差。在其他实验中，他测量了法国士兵的身高以及苏格兰士兵的胸围，并假设它们的分布都遵循正态曲线。在那个年代，人们坚信大部分现象在这个意义上都是正态的。

**鸡尾酒宴会** 假设乔治娜前去参加一个鸡尾酒宴会，而宴会主人塞巴斯蒂安问她是否走了很远的路程。她后来意识到这对鸡尾酒宴会来说是一个非常有用的问题——每个人都被问到了这个问题。这并不伤脑筋，而且是开启话题的一个好办法。

## 大事年表

　　第二天，乔治娜带着一丝醉意来到了办公室，她向同事们询问上班路途是否很远。在员工食堂中，她了解到有些人就住在附近，而有些人却住在 50 英里外的地方——这些距离之间的差异很大。作为一个大公司的人力资源经理，她发挥职务上的优势，在员工年度调查表的最后追加了一个问题："你今天来上班走了多远路程？"她想要计算出公司所有员工上班途中的平均路程。当乔治娜将结果画成直方图后，它们的分布呈现出一个特殊的形式，但是她至少可以由此计算出员工上班途中所经过的平均路程。

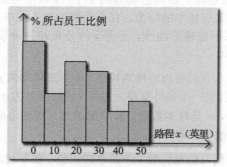

**乔治娜同事上班路程的直方图**

　　最终算出的平均路程是 20 英里。数学家们用希腊字母 $\mu$（miu）来表示平均值，因此，这里 $\mu=20$。对象总体的变化性用希腊字母 $\sigma$（sigma）表示，有时也被称为标准差。如果标准差较小，那么数据将集中在一起，变化很小，而如果标准差较大，数据将铺散开来。公司中曾经受过统计员训练的市场分析师告诉乔治娜，通过采样，她大概就能算出 20 的近似值，而没必要询问所有的员工。这项估算技术是由中心极限定理决定的。

　　对公司的所有员工进行一个随机的采样。采样数越多越好，但是 30 个员工就已经可以给出不错的结果了。在这些随机选取的员工当中，有的人可能就住在附近，而有的人可能住得很远。通过计算这些样本的平均值，

| 1835 年 | 19 世纪 70 年代 | 1901 年 |
|---|---|---|
| 凯特莱使用正态曲线来衡量和一般人之间的偏差 | 该分布获得了"正态分布"的名字 | 李雅普诺夫（Aleksandr Lyapunov）使用特征函数严格地证明了中心极限定理 |

一些较近的距离将被较远的距离中和掉。数学家们将采样值的平均值记为 $\bar{x}$，读作"x 拔"。在乔治娜的例子中，$\bar{x}$ 的值很有可能非常接近对象总体的平均值——20。但样本均值很大或很小的概率是微乎其微的，尽管我们不能排除其可能性。

对于统计学家来说，正态曲线非常重要的一个原因是中心极限定理。它表明了，不论 x 服从何种分布，其样本均值 $\bar{x}$ 的实际分布都接近于正态曲线。这是什么意思？在乔治娜的例子中，x 表示与上班地点之间的距离，而 $\bar{x}$ 是某组样本的均值。在乔治娜的直方图中，x 的分布可能一点都不像钟形曲线，但是 $\bar{x}$ 的分布却是钟形曲线，其均值为 $\mu=20$。

20 平均距离 $\bar{x}$

**样本均值如何分布**

这便是为什么我们可以将样本均值 $\bar{x}$ 作为总体均值 $\mu$ 的一个估计。样本均值 $\bar{x}$ 的变化性是一个额外奖项。如果 x 的标准差为 $\sigma$，那么 $\bar{x}$ 的标准差为 $\sigma/\sqrt{n}$，其中，n 是样本数量。样本集越大，所对应的钟形曲线将越狭窄，而 $\mu$ 的估计值也将越精确。

**其他正态曲线** 让我们做一个简单的实验，将一枚硬币投掷 4 次。每次正面朝上的概率 $p=1/2$。用 H 表示正面朝上，T 表示反面朝上，将 4 次投掷的结果按时间顺序排列。结果总共有 16 种不同的可能性。例如，我们可能会得到一个 3 次正面朝上的结果 THHH。事实上，对于 3 次正面朝上，总共有 4 种不同的可能性（其他几种是 HTHH、HHTH 以及 HHHT），因此 3 次正面朝上的概率等于 $\frac{4}{16} = 0.25$。

对于投掷次数比较少的情况，很容易将概率计算出来并且存放在一张表格中，同样地，我们也可以计算出这些概率是如何分布的。"不同组合的数目"一行可以在帕斯卡三角形中找到（见第 13 章）。

| 正面朝上的次数 | 0 | 1 | 2 | 3 | 4 |
|---|---|---|---|---|---|
| 不同组合的数目 | 1 | 4 | 6 | 4 | 1 |
| 概率 | $0.0625$ $= \frac{1}{16}$ | $0.25$ $= \frac{4}{16}$ | $0.375$ $= \frac{6}{16}$ | $0.25$ $= \frac{4}{16}$ | $0.0625$ $= \frac{1}{16}$ |

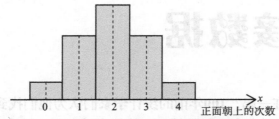

**根据二项分布,4次投掷中正面朝上的次数为不同值的概率**

这被称作二项分布概率,这种情况发生在有两种结果的情形下（本例是正面朝上或反面朝上）。这些概率可以通过一个图表中的高度和面积来表示。

仅仅将硬币投掷 4 次有些受限制。如果投掷的次数很多（如 100 次）会怎样?二项分布概率可以应用于 $n=100$ 的情况,但是,它可以用均值 $\mu=50$（我们可以预期 100 次投掷中会有 50 次结果正面朝上）,方差 $\sigma=5$ 的正态钟形曲线来近似。这正是棣莫弗在 16 世纪时所发现的结论。

对于 $n$ 为较大值的情况,表示正面朝上次数的变量 $x$ 的概率分布也更加接近于正态曲线。$n$ 的值越大,接近程度越高,而投掷 100 次已经相当多了。现在,我们想要知道正面朝上的次数在 40 到 60 次之间的概率。图中的 $A$ 区域是我们所感兴趣的区域,它告诉了我们正面朝上的次数在 40 到 60 次之间的概率,记为 prob($40 \leqslant x \leqslant 60$)。要得到这个概率的精确值,我们需要使用预先计算好的数学表,从而得出 prob($40 \leqslant x \leqslant 60$)=0.954 5。即 100 次投掷中正面朝上的次数在 40 到 60 次之间的概率等于 95.45%,这意味着这种情况是很可能发生的。

**100次投掷中正面朝上的次数为不同值的概率分布**

剩下的面积为 1–0.954 5,即 0.045 5。由于正态曲线关于中轴对称,因此该值的一半即为 100 次投掷中正面朝上的次数大于 60 的概率。这个概率仅为 2.275%,可以看出这确实是一个概率非常小的事件。如果你来到赌城拉斯维加斯,这个赌注还是不要下的好。

# 随处可见的钟形曲线

# 36 连接数据

　　**如何将两组数据联系在一起？100年前的统计学家们认为他们找到了答案。相关性和回归之间的关系类似于马和车之间的关系，总是成对出现，但是对于相关性和回归而言，它们有着不同点，且执行着不同的功能。相关性用来衡量两个量（如重量和高度）之间的相关程度。而回归是通过其他量（如高度）来预测另一个量（如重量）。**

　　**皮尔逊相关系数**　相关性（correlation）一词是由弗朗西斯・高尔顿（Francis Galton）于 19 世纪 80 年代引入的。他原本将其命名为"co（同）-relation（关系）"，这个词能够更清晰地表达出其含义。高尔顿是维多利亚女王时代的科学绅士，他希望对所有的事物进行测量，而且在研究成对出现的变量（如鸟的翅膀长度和尾巴长度）时，他希望将相关性应用进去。皮尔逊相关系数是以高尔顿传记的作者卡尔・皮尔逊（Karl Pearson）的名字而命名的，它是一个介于负 1 和正 1 之间的度量值。如果它的值非常高（如 +0.9），则意味着变量之间存在很强的相关性。相关系数度量的是数据沿某条直线排列的倾向。如果它的值接近于 0，则意味着变量之间几乎不相关。

　　我们常常希望算出两个变量之间的相关性，以观察它们之间联系的强度。让我们举一个关于太阳镜销售情况的例子，看看它和冰激凌销售情况之间的相关性。旧金山是一个非常适合该研究的城市，在这里，我们将每个月收集一次数据。我们在一张图中画出一些点，其中 $x$ 轴（横轴）坐标表示太阳镜的销售情况，$y$ 轴（纵轴）坐标表示冰激凌的销售情况，每个月都可以画出一个数据点 $(x, y)$，该点同时表示了这两个数据。例如，点

## 大事年表

| 公元 1806 年 | 1809 年 | 1885—1888 年 |
|---|---|---|
| 勒让德（Adrien-Marie Legendre）使用最小二乘法拟合数据 | 高斯在天文学的问题中使用了最小二乘法 | 高尔顿提出了回归和相关 |

（3，4）可能表示 5 月份太阳镜的销售额为 30 000 美元，而该月冰激凌的销售额为 40 000 美元。我们可以在一个散点图中画出该年度所有月份的数据点（x，y）。对于这个例子来说，皮尔逊相关系数的值大概在 +0.9 附近，表明了一个很强的相关性。这些数据点的分布趋近于一条直线。由于该直线的斜率为正值（它指向东北方向），因此相关系数也是一个正值。

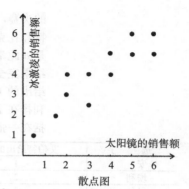

散点图

**起因和相关性**　两个变量间的相关性很强并不足以声称其中一个是另一个的起因。这两个变量之间可能具有起因和结果的关系，但是仅通过这些数字证据无法得出该结论。对于起因 / 相关性的问题，通常会使用另一个词"联系"，我们最好还是不要枉自给出更多的结论了。

在太阳镜和冰激凌的例子中，它们的销售额之间存在很强的相关性。随着太阳镜销售额的增加，冰激凌的销售额也表现出增加的趋势。如果宣称是太阳镜的消费导致了更多冰激凌被卖出，那将是一件非常愚蠢的事。它们之间存在相关性可能是由于一个隐藏的中间变量的缘故。例如，太阳镜的销售额和冰激凌的销售额可能是由于季节原因联系在一起的（夏天天气炎热，而冬天天气寒冷）。使用相关性还有另外一个危险。可能会有一些情况，变量间的相关性很强，但是它们之间却没有任何逻辑或科学上的联系。房屋数量和房屋拥有者的年龄和之间可能具有很强的相关性，但是你却无法从中读出任何意义。

**斯皮尔曼相关性**　相关性还可以用到其他地方。相关性可以用于处理一些有序的数据——一些我们想要知道第一个，第二个，第三个……的数据，而不一定是具体的数字值。

我们有时候也会将等级作为数据。让我们看一下艾伯特和扎克，一场滑冰比赛中的两位很有主见的裁判，他们的职责是评判滑冰选手们动作的艺术性。艾伯特和扎克都曾获得过奥运会奖牌，他们现在所评判的是最后

**1896 年**

皮尔逊发表了关于回归和相关的文献

**1904 年**

斯皮尔曼在心理学的研究中了使用等级相关工具

的决赛，仅有 5 名选手：安、贝丝、夏洛特、多萝西以及埃利。如果艾伯特和扎克给出的排名是相同的，那将是非常理想的情况，但是生活并不总是如此幸运。相反地，结果可能是我们都不曾预期的情况：两个人给出的结果完全相反。事实上，结果可能是介于这两种极端情况中间。阿尔伯特给出的 1 到 5 名分别是安、埃利、贝丝、夏洛特以及多萝西。而扎克将埃利排在了第一位，随后是贝丝、安、多萝西以及夏洛特。这些排名可以概括在一张表格中。

| 选　　手 | 艾伯特给出的排名 | 扎克 给出的排名 | 排名的差异，$d$ | $d^2$ |
|---|---|---|---|---|
| 安 | 1 | 3 | −2 | 4 |
| 埃利 | 2 | 1 | 1 | 1 |
| 贝丝 | 3 | 2 | 1 | 1 |
| 夏洛特 | 4 | 5 | −1 | 1 |
| 多萝西 | 5 | 4 | 1 | 1 |
| $n=5$ | | | 总和 | 8 |

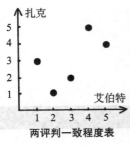

$$1 - \frac{6 \times Sum}{n \times (n^2 - 1)}$$

斯皮尔曼公式

我们如何衡量这两个评判之间的一致性。斯皮尔曼相关系数是数学家们用于处理有序数据的工具。它的值等于 +0.6，这意味着艾伯特和扎克的评判具有较高的一致性。如果我们将这两个排名视为点的坐标，我们可以在一张图上画出这些点，从而得到这两个评判一致程度的直观表示。

计算该相关系数的公式是由心理学家查尔斯·斯皮尔曼（Charles Spearman）于 1904 年提出的。同皮尔逊一样，斯皮尔曼也深受高尔顿的影响。

**回归线**　你的身高是介于你父母之间还是比他们都矮？如果我们都比自己的父母高，而且每一代情况都如此，那么总有一天世界上的所有人都是 10 尺巨人，这当然是不可能的。如果我们都比自己的父母矮，那么人类的身高将逐渐降低，直至为 0，这当然也是不可能的。事实一定是其他情况。

高尔顿在 19 世纪 80 年代作了一个实验，他将年轻人的身高和他们的父母进行了比较。变量 $x$ 的值表示父母的身高（事实上，它所表示的是父亲和母亲相结合的"中性父母"的身高），然后，他观察了其后代的身高。我们现在所谈论的是一位实践科学家，他拿出一支铅笔和一张划分成方格的纸，然后将数据画在上面。结果，对于 205 位中性父母和 928 个后代，他发现两

两评判一致程度表

个集合的平均身高都是 173.4 厘米，他将这个值称为平常值。他发现，身高比较高的中性父母的孩子，其身高一般大于平常值，但是小于其中性父母的身高；而身高比较矮的孩子，其身高一般高于其中性父母的身高，但是小于平常值。换句话说，孩子的身高回归于中性值。这有点像顶级击球手阿历克斯·罗德瑞格斯（Alex Rodriguez）在纽约洋基队的表现。他在一个发挥超常的赛季之后经常会迎来一个表现低迷的赛季，但是其整体表现仍然优于联盟中的其他所有选手。我们称他的击球表现回归于平均值。

回归是一项非常强大的技术，其应用非常广泛。假设一个流行连锁零售店的业务研究小组要完成一项调查，他们选择了该连锁店中的 5 家商店，包括小型店铺（每月有 1 000 名顾客）到巨型商场（每月有 10 000 名顾客）。研究小组观察了每个商店中雇用的员工数量。他们打算使用回归技术来估计其他的店铺中需要多少雇员。

| 顾客数量（单位为 1 000） | 1 | 4 | 6 | 9 | 10 |
| --- | --- | --- | --- | --- | --- |
| 雇员数量 | 24 | 30 | 46 | 47 | 53 |

让我们将这些数据画在一张图里，其中 $x$ 坐标代表顾客数量（我们称其为解释变量），而 $y$ 坐标代表雇员数量（称为响应变量）。是用顾客数量来解释需要的雇员数量，而不是反过来那样。商店中顾客的平均值为 6（即 6 000 名顾客），而雇员的平均值为 40。回归线总是会穿过"平均点"，图中的平均点是（6，40）。通过一些公式可以算出回归线——和数据吻合最好的直线（也被称为最小二乘线）。在我们的例子中，回归线为 $\hat{y}=20.8+3.2x$，斜率为 3.2 而且是正值（方向为右上）。该直线与 $y$ 轴交于点（0，20.8）。$\hat{y}$ 表示从该直线上得到的 $y$ 的估计值。因此，如果我们想知道一个月顾客量为 5 000 的店铺中需要多少个雇员，我们仅需将 $x=5$ 代入回归方程，由此得到估计值为 $\hat{y}=37$。由此可以看出，回归真的是一项非常实用的技术。

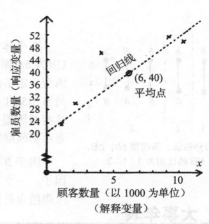

# 数据的互动

# 37 遗传学

遗传学是生物学的一个分支，那么为什么把它编入一本数学书籍呢？这是因为这两个学科之间有着密切的交叉关系并相互促进发展。遗传学的问题需要运用数学知识，而遗传学也提出了一些新的代数学的分支。遗传学是研究人类遗传的一门学科，孟德尔遗传定律在这门学科中占有核心地位。遗传特征，比如眼睛的颜色、头发的颜色、色盲、左右手性和血型都是由一些因子（等位基因）决定的。孟德尔说，这些因子都会独立地传给下一代。

那么眼睛颜色的因子是如何传给下一代的呢？在基本模型中，有 $b$ 和 $B$ 两个因子

$b$ 是蓝色眼睛因子；
$B$ 是棕色眼睛因子。

在个体中，这些因子都成对存在，可能的基因型包括 $bb$、$bB$ 和 $BB$（因为 $bB$ 和 $Bb$ 是一样的）。每个人都携带这三种基因型的其中一种，该基因型决定了他们眼睛的颜色。比如，一个群体中，有 1/5 的人基因型是 $bb$，另有 1/5 的人基因型是 $bB$，剩下的 3/5 基因型是 $BB$。用百分比描述的话，这些基因型分别占这个群体的 20%、20% 和 60%。我们可以用一个图表来表示基因型的比例。

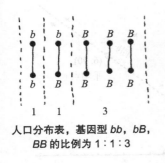

人口分布表，基因型 $bb$、$bB$、$BB$ 的比例为 1：1：3

因子 $B$ 表示棕色眼睛，它是显性因子；而 $b$ 表示蓝色眼睛，它是隐性因子。一个具有纯合基因型 $BB$ 的人眼睛为棕色，而具有杂合基因型 $Bb$ 的人眼睛也是棕色，因为 $B$ 是显性的。只有具有纯合基因型 $bb$ 的人眼睛才是

**大事年表**

公元 1718 年 ｜ 1865 年

棣莫弗发表了《机会论》 ｜ 孟德尔提出了基因和遗传定律的存在性

蓝色的。

19 世纪初，生物学中出现了一个热点问题，即棕色眼睛会不会最终取代蓝色眼睛？蓝色眼睛会不会最终消失？答案当然是"不会"。

**哈代-温伯格定律（Hardy-Weinberg Law）** 这可以用哈代-温伯格定律来解释，该理论是基础数学在遗传学中的一个应用。它解释了在孟德尔遗传定律中，隐性因子如何没有被显性因子完全取代而最终消失。

哈代是一位英国数学家，他对自己在非应用数学方面的成就引以为豪。尽管他在纯数学领域也有很深的造诣，但是他更为世人所知的成就也许还是对遗传学的一个贡献——在一场板球比赛之后，他用写在信封背面的数学公式对生命进行了解释。威廉·温伯格和他的背景完全不同。作为德国的一名普通职业医师，他终生致力于遗传学研究。他和哈代在同一时间，即 1908 年，发现了这个定律。

这个定律涉及一个随机交配的群体。群体中不存在优先配对，比如蓝眼睛的人不会优先和蓝眼睛的人交配。交配后，孩子会从父母那里分别得到一个因子。比如，杂合基因型 *bB* 与杂合基因型 *bB* 交配可以得到 *bb*、*bB*、*BB* 中的任何一种，但是 *bb* 和 *BB* 交配只能产生杂合体 *bB*。那么 *b* 因子遗传的概率是多大呢？计算一下 *b* 因子的数目，每个 *bb* 基因型中有两个，每个 *bB* 基因型中有一个，按照比例，10 个因子中总共有 3 个 *b* 因子（在我们的例子中，三种基因型的比例为 1∶1∶3）。那么 *b* 因子遗传给下一代的概率就等于 3/10 或者 0.3。而 *B* 因子遗传的概率等于 7/10 或者 0.7。下一代中基因型为 *bb* 的概率为 $0.3 \times 0.3 = 0.09$。所有概率的集合总结在下表中

|   | *b* |   | *B* |   |
|---|-----|---|-----|---|
| *b* | *bb* | $0.3 \times 0.3 = 0.09$ | *bB* | $0.3 \times 0.7 = 0.21$ |
| *B* | *Bb* | $0.3 \times 0.7 = 0.21$ | *BB* | $0.7 \times 0.7 = 0.49$ |

杂合基因型 *bB* 和 *Bb* 是一样的，所以该基因型出现的概率为 $0.21 + 0.21 = 0.42$。

**1908 年**
哈代和温伯格解释了隐性基因为什么没有完全被显性基因所取代

**1918 年**
费希尔使得达尔文理论和孟德尔的遗传定律可以融洽共处

**1953 年**
DNA 的双螺旋结构被发现

用百分比表示的话，基因型 bb、bB 和 BB 遗传在下一代中的比率分别为 9%、42% 和 49%。因为 B 是显性因子，所以下一代中总共有 42% + 49% = 91% 的人眼睛为棕色。只有 bb 基因型表现出 b 的性状，也就是只有 9% 的人会是蓝色眼睛。

基因型最初的分配比例是 20%、20% 和 60%，而下一代基因型的比例为 9%、42% 和 49%。接下来会发生什么呢？让我们看看这代人随机交配得到的新一代情况会是怎样。b 因子的比例是 $0.09 + 1/2 \times 42\% = 0.3$，B 因子的比例是 $1/2 \times 42\% + 49\% = 0.7$。这和之前 b 和 B 的遗传概率是相同的。那么在下一代中 bb、bB 和 BB 基因型的分布和上一代也是一样的。特别强调的是，蓝眼睛的基因型 bb 不但没有灭绝，而且其比例稳定在了 9%。因此，通过一系列连续随机交配，基因型在每一代中的比例将会是

$$20\%,\ 20\%,\ 60\% \rightarrow 9\%,\ 42\%,\ 49\% \rightarrow \cdots \rightarrow 9\%,\ 42\%,\ 49\%$$

这个结果符合哈代-温伯格定律：经过一代后，基因型的比例每代都保持恒定，并且遗传概率也保持恒定。

**哈代的论辩**　要确认哈代-温伯格定律是否对于基因型的任何初始分布都成立，而不仅仅是我们例子中的 20%，20%，60%，我们无法做得比哈代更好了。他在 1908 写信给美国《科学》杂志的编辑，表述了他自己的论辩。

哈代将基因型 bb，bB 和 BB 的初始分布设为 p，2r 和 q，那么遗传概率就是 p + r 和 r + q。在我们数字化的例子中（20%，20%，60%），$p = 0.2$，$2r = 0.2$，$q = 0.6$。b 因子和 B 因子的遗传概率分别是 $p + r = 0.2 + 0.1 = 0.3$ 和 $r + q = 0.1 + 0.6 = 0.7$。如果基因型 bb，bB 和 BB 的初始分布不同，例如，我们从 10%，60% 和 30% 开始，结果会怎样？哈代-温伯格定律在这种情况下是否成立？对于该初始分布，我们得到 $p = 0.1$，$2r = 0.6$，$q = 0.3$，则 b 因子和 B 因子的遗传概率分别为 $p + r = 0.4$ 和 $r + q = 0.6$。所以下一代基因型的分布是 16%，48%，36%。连续随机交配后，基因型 bb，bB，BB 的比例将会是

$$10\%,\ 60\%,\ 30\% \rightarrow 16\%,\ 48\%,\ 36\% \rightarrow \cdots \rightarrow 16\%,\ 48\%,\ 36\%$$

和之前的例子一样，这个比例在一代之后固定了下来，0.4 和 0.6 的遗传概

率保持不变。根据这些数字，群体中有16%的人会是蓝色眼睛，而48% + 36% = 84%的人会是棕色眼睛，因为 B 在基因型 bB 中是显性基因。

因此哈代-温伯格定律告诉我们，不管初始时因子如何分布，基因型 bb、bB 和 BB 的概率在每一代都保持恒定。显性基因 B 不会取代 b 基因，而且基因型的概率将一直保持稳定。

哈代强调他的模型仅仅是一个近似。它的简明精炼取决于很多现实中不存在的假设。在这个模型中，基因突变的概率或者基因本身的变化都被忽略了，遗传比例恒定的结果也就意味着不会有任何进化。现实生活中存在"基因漂移"，而且基因遗传的概率也不是恒定的。这就导致了整体比例的变化以及新物种的演化。

哈代-温伯格定律把遗传学的量子理论——孟德尔定律和达尔文进化论、自然选择学说从本质上联系了起来。最终还是天才的 R.A. 费希尔让遗传学的孟德尔定律和物种进化理论得以融洽共处。

直到19世纪50年代，遗传学所缺少的是对遗传物质本身的物理上的理解。这时，詹姆斯·沃森（James Watson）、弗朗西斯·克里克（Francis Crick）、莫里斯·威尔金斯（Maurice Wilkins）和罗莎琳德·富兰克林（Rosalind Franklin）作出了卓越的贡献。他们发现遗传介质是脱氧核糖核苷酸或者简称为 DNA。需要使用数学工具对著名的 DNA 双螺旋结构（或者说一对缠绕一个圆柱体上的螺旋曲线）进行建模。基因就位于这个双螺旋的片断上。

在遗传学的研究中，数学是必不可少的。从 DNA 双螺旋的基本几何结构以及复杂的哈代-温伯格定律开始，用于处理包括男女性征在内的很多特征（不仅仅是眼睛的颜色）和非随机交配的数学模型都被发展了起来。遗传学也提出了新的具有迷人数学特性的抽象代数分支，以此来回报数学。

# 基因库中的不确定性

# 38 群

伽罗瓦（Evariste Galois）在20岁时死于一场决斗，但是他所留下的思想让后来的数学家们忙碌了几个世纪。这其中包括群论，一种用于量化对称性的数学构造。对称不仅颇具美感，而且它也是科学家们所憧憬的未来万物理论的必备因素。群论是将"万物"绑定在一起的粘合剂。

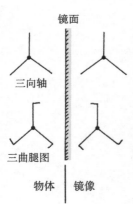

镜面

三向轴

三曲腿图

物体　镜像

对称无处不在。希腊花瓶是对称的，雪花是对称的，建筑物经常也是对称的，字母表中的某些字母也是对称的。对称有几种不同的种类，其中最主要的是镜面对称和旋转对称。我们仅仅需要看一下二维对称——我们所研究的都是平面上的物体。

**镜面对称**　我们是否可以立起一面镜子，使得某个物体在镜子里面看起来跟它本身一样。单词 MUM 和 DAD 是分别镜面对称的，而 MAD 和 POT 则不具备该性质；MUM 在镜子中看起来仍是 MUM，而 MAD 则变成了 DAM。三向轴是镜面对称的，但是三曲腿图（带脚的三向轴）却不对称。三曲腿图在镜前是右旋的，但是它在平面中的镜像却是左旋的。

**旋转对称**　我们也可以提问平面上是否存在一个垂直轴，使得平面上的物体沿该轴旋转一定角度后与原位置重合。三向轴和三曲腿图都具有旋转对称性。三曲腿图（意思是"三条腿"）是一个有趣的形状。它的右旋形式非常像曼岛的符号以及西西里岛旗帜上的图案。

如果我们将它旋转 120 度或 240 度，旋转后的图像将与原图像相重合。

## 大事年表

| 1832 年 | 1854 年 | 1872 年 |
|---|---|---|
| 伽罗瓦提出了置换群的思想 | 凯莱尝试将群的概念一般化 | 菲力克斯·克莱因开始使用群将几何进行分类 |

如果你在旋转之前闭上眼，那么在旋转完成之后你再睁开眼时，你所看到的是将是一个一模一样的三曲腿形。

这个三腿形状的有趣之处在于，平面中任意角度的旋转都不可能把它从右旋变为左旋。如果物体在镜子中的像和它自身看上去相似却不相同，那么我们称该物体是手性的。例如，有些化合物的分子在三维空间中存在右旋和左旋两种形式，因此它们是手性的。化合物柠檬烯就是一个这样的例子，在一种形式下，它的味道像柠檬，而另一种形式下，味道却像橘子。沙利度胺的一种形式是治疗孕吐的有效药物，但是如果错服了它的另一种形式，则会导致灾难性的后果。

曼岛三曲腿形图

**测量对称性**　对于上面提到的三曲腿形，基本的镜像操作是（顺时针方向）$R$：旋转 120 度以及 $S$：旋转 240 度。另一种变换操作 $I$ 是将该图形旋转 360 度，或不作任何改变。根据这些旋转的组合，我们可以建立一张类似于乘法口诀表的表格。

这张表类似于普通的乘法口诀表，不同的是，我们现在相乘的是"符号"，而非数字。依照最常用的变换操作，乘法 $R \circ S$ 意味着先对该三曲腿形进行 $S$ 操作，即顺时针旋转 240 度，然后进行 $R$ 操作，即顺时针旋转 120 度，总体上相当于将其旋转了 360 度，就好像没有进行任何操作一样。可以表示为 $R \circ S = I$，即表格中倒数第 2 行与最后一列交叉处的结果。

| $\circ$ | $I$ | $R$ | $S$ |
|---|---|---|---|
| $I$ | $I$ | $R$ | $S$ |
| $R$ | $R$ | $S$ | $I$ |
| $S$ | $S$ | $I$ | $R$ |

三曲腿形对称
群的凯莱表

三曲腿形的对称群是由操作 $I$、$R$、$S$，以及它们乘法表中的结合方式组成的。由于该群包含 3 个基本元素，因此它的大小（或"阶"）为 3。这张表也被称为凯莱表（用数学家阿瑟·凯莱的名字命名，他是航空先驱乔治·凯莱爵士的远房表亲）。

类似于三曲腿形，没有脚的三向轴也具备旋转对称性。但是它同时还具备镜面对称性，因此，它有一个更大的对称群。我们称 $U$、$V$ 以及 $W$ 为三镜轴的反射操作。

---

**1891 年**

费奥多罗夫（Evgraf Fedorov）和熊夫利（Arthur Schönflies）独立地将 230 个晶体群进行了分类

**1983 年**

有限简单群的分类工作最终完成，同时最大定理也被证明

| ∘ | I | R | S | U | V | W |
|---|---|---|---|---|---|---|
| I | I | R | S | U | V | W |
| R | R | S | I | V | W | U |
| S | S | I | R | W | U | V |
| U | U | W | V | I | S | R |
| V | V | U | W | R | I | S |
| W | W | V | U | S | R | I |

三向轴对称群的凯莱表

三向轴的象

三向轴的大的对称群阶为 6，即它由 6 个变换操作 $I$、$R$、$S$、$U$、$V$ 及 $W$ 组成，它的乘法表如图所示。

一个有趣的变换操作是将它不同镜轴中的反射操作结合在一起，例如 $U \circ W$（即先进行 $W$ 反射操作，然后进行 $U$ 反射操作）。这实际上相当于将三向轴旋转了 120 度，即 $U \circ W = R$。如果将这两个反射操作以相反的方式结合，即 $W \circ U = S$，则相当于将其旋转 240 度。特别地，$U \circ W \neq W \circ U$。这也是群乘法表和普通数字乘法表之间的主要区别。

如果群中的运算操作是可交换的，那么该群称为阿贝尔群，这是用挪威数学家阿贝尔（Niels Abel）的名字命名的。三向轴对称群是最小的非阿贝尔群。

**抽象群**　代数学在 20 世纪的发展趋势是抽象代数，其中，群是由一些称为公理的基本规则定义的。从这个角度讲，三向轴对称群便是抽象系统的一个实例。在代数中，有一些比群更加基础的系统，它们需要更少的公理；而另外一些系统更加复杂，需要更多的公理。但是，群论却始终是最重要的代数系统。它是如此的了不起，仅仅通过很少的公理，就可以呈现出一个如此之大的知识体系。抽象方法的一个优点是，如果需要的话，可以从一般化的定理演绎出特殊的定理。

群论的一个特点是大的群中可能包含较小的群。三曲腿形的 3 阶对称群恰好是三向轴的 6 阶对称群的一个子群。拉格朗日证明出一个关于子群的基本事实。拉格朗日定理所陈述的是，有限群的阶必然可以被其子群的阶整除。由此我们可以知道，三向轴的对称群不包含阶为 4 或 5 的子群。

**分类群**　将所有的有限群分类是一个被广泛研究的课题。我们并没有必要把所有的群都列出来，因为其中一些群是建立在一些基本群的基础上的，我们需要的仅仅是这些基本群。分类的原则类似于化学中的分类原则，即我们只专注于基本的化学元素，而不考虑它们所组成的化合物。三向轴的 6 阶对称群是由旋转群（阶为 3）和反射群（2 阶）所组成的"化合物"。

几乎所有的基本群都可以归于一些已知的分类。最完全的分类称为有限简单群分类（the enormous theorem），它是由丹尼尔·戈仑斯坦环于 1983 年公布于世的，这项成就是建立在数学家们 30 多年的研究成果和发表著作的基础上的。它是所有已知群的地图集。基本群被分为 4 个主要类别，但是仍有 26 个群不属于任何类别。他们被称为散在群。

散在群是一些孤立的群，它们的阶通常比较大。最小的 5 个散在群是马修（Emile Mathieu）于 19 世纪 60 年代发现的，但是关于它的大量研究集中在 1965 到 1975 年之间。最小的散在群的阶为 7 920 $= 2^4 \times 3^2 \times 5 \times 11$，但是，被人称作"小怪物"和绝对"怪物"的最大散在群，其阶数为 $2^{46} \times 3^{20} \times 5^9 \times 7^6 \times 11^2 \times 13^3 \times 17 \times 19 \times 23 \times 29 \times 31 \times 41 \times 47 \times 49 \times 59 \times 71$，写成十进制形式的话，大概等于 $8 \times 10^{53}$，或者，如果你愿意，也可以将它写成 8 后边跟 53 个 0 的形式——这确实是一个非常庞大的数字。可以证明，这 26 个散在群的 20 个子群可以表示为这个"怪物"的子群——其他 6 个不属于任何类别的群称为"6 贱民"。

尽管数学经常追求的是简短明了的证明过程，但是关于有限群分类的证明过程看起来就像 10 000 页密密麻麻排列的符号。数学的成就并不总是归功于某些个别的杰出天才。

## 群的公理

一些基本元素的集合 $G$ 连同"乘法"一起，称为群，如果满足：

(1) 在 $G$ 中存在元素 1，使得对于群 $G$ 中的任意元素 $a$，都满足 $1 \cdot a = a \cdot 1 = a$（这个特殊元素 1 称为单位元）。

(2) 对于群 $G$ 中的任意元素 $a$，都可以在群中找到元素 $\tilde{a}$，$a \cdot \tilde{a} = \tilde{a} \cdot a = 1$（元素 $\tilde{a}$ 称为 $a$ 的逆元素）。

(3) 对于群 $G$ 中的任意元素 $a$、$b$、$c$，都有 $a \cdot (b \cdot c) = (a \cdot b) \cdot c$（称为结合律）。

# 测量对称性

# 39 矩阵

这是一个关于"超凡代数"的故事——一场发生在19世纪中期的数学革命。几个世纪以来，数学家们一直在和一块块的数字打交道，而将数字块看作一个独立单元的思想是150年前才兴起的，当时的一些数学家们意识到了它的潜力。

普通代数即传统代数，它们使用 $a$, $b$, $c$, $x$ 以及 $y$ 等符号来表示独立的数字。很多人觉得这很难理解，但是对于数学家们来说，这是一个非常大的进步。相比之下，"超凡代数"引导了一场"地震性的革命"。对于很多复杂的应用，这个从一维代数到多维代数的进步显示出了不可思议的力量。

**多维数字**　在普通代数中，$a$ 可能代表数字 7，我们可以写为 $a=7$，而在矩阵理论中，矩阵 $A$ 可以是一个"多维的数字"，例如

$$A = \begin{pmatrix} 7 & 5 & 0 & 1 \\ 0 & 4 & 3 & 7 \\ 3 & 2 & 0 & 2 \end{pmatrix}$$

该矩阵具有 3 行 4 列（它是一个 3 乘 4 的矩阵），但是从原则上讲，我们的矩阵可以由任意数量的行和列组成——甚至可以有"100 乘 200"，即 100 行 200 列的巨大矩阵。矩阵代数的一个非常重要的优点是我们可以将非常大的数字阵列（如统计学中的数据组）视为一个单独的实体。不仅如此，我们还可以简单而有效地将这些数字块相乘。如果我们要将两个数据组中的所有数字相加或相乘，其中每个数据组中都包含 1 000 个数字，我们并不需要进行 1 000 次运算，而是仅仅需要进行一次运算（将两个矩阵相加或相乘）。

**大事年表**

| 公元前 200 年 | 公元 1850 年 | 1858 年 |
|---|---|---|
| 中国数学家使用了数字阵列 | J.J. 西尔维斯特提出了"矩阵"一词 | 凯莱发表了 *Memoir on the Theory of Matrices*（《关于矩阵理论的论文》） |

**一个实际的例子**  假设矩阵 $A$ 表示 AJAX 公司一周的产出。AJAX 公司拥有 3 个工厂，它们分布在不同的区域，我们需要衡量的是这些工厂对四种不同产品的生产量（以 1 000 为单位）。在这个例子中，这些数量表示在上页的矩阵 $A$ 中。

| | 产品 1 | 产品 2 | 产品 3 | 产品 4 |
|---|---|---|---|---|
| 工厂 1 | 7 | 5 | 0 | 1 |
| 工厂 2 | 0 | 4 | 3 | 7 |
| 工厂 3 | 3 | 2 | 0 | 2 |

在下一周中，产量计划表可能会不同，但是它可以写成另外一个矩阵 $B$。例如，$B$ 可能是如下的矩阵

$$B = \begin{pmatrix} 9 & 4 & 1 & 0 \\ 0 & 5 & 1 & 8 \\ 4 & 1 & 1 & 0 \end{pmatrix}$$

这两周总的生产量是多少？矩阵理论家告诉我们，总生产量就是矩阵 $A$ 和 $B$ 相加，其结果等于矩阵中的对应元素相加，

$$A+B = \begin{pmatrix} 7+9 & 5+4 & 0+1 & 1+0 \\ 0+0 & 4+5 & 3+1 & 7+8 \\ 3+4 & 2+1 & 0+1 & 2+0 \end{pmatrix} = \begin{pmatrix} 16 & 9 & 1 & 1 \\ 0 & 9 & 4 & 15 \\ 7 & 3 & 1 & 2 \end{pmatrix}$$

这是非常简单的一件事情。不幸的是，矩阵的乘法就不这么明显了。我们回到 AJAX 公司，假设这四种产品的单位利润为 **3，9，8，2**。根据工厂 1 的产量 7，5，0，1，我们当然可以算出它的总利润。结果为 $7×3+5×9+0×8+1×2=68$。

我们要处理的并不是一个工厂的产量，不过我们可以轻易地算出所有工厂的总利润 $T$：

$$T = \begin{pmatrix} 7 & 5 & 0 & 1 \\ 0 & 4 & 3 & 7 \\ 3 & 2 & 0 & 2 \end{pmatrix} \times \begin{pmatrix} \mathbf{3} \\ \mathbf{9} \\ \mathbf{8} \\ \mathbf{2} \end{pmatrix} = \begin{pmatrix} 7×3+5×9+0×8+1×2 \\ 0×3+4×9+3×8+7×2 \\ 3×3+2×9+0×8+2×2 \end{pmatrix} = \begin{pmatrix} 68 \\ 74 \\ 31 \end{pmatrix}$$

| 1878 年 | 1925 年 |
|---|---|
| 弗罗贝尼乌斯证明了矩阵代数中的一些关键结论 | 海森堡将矩阵力学运用到量子理论中 |

仔细观察，你会看到矩阵乘法的一个关键性质——行列相乘。如果除单位利润之外，我们还给出了每种产品的单位体积 **7, 4, 1, 5**，只是一个很小的改变，我们就可以通过简单的矩阵乘法算出这 3 个工厂的利润和存储空间需求

$$\begin{pmatrix} 7 & 5 & 0 & 1 \\ 0 & 4 & 3 & 7 \\ 3 & 2 & 0 & 2 \end{pmatrix} \times \begin{pmatrix} 3 & 7 \\ 9 & 4 \\ 8 & 1 \\ 2 & 5 \end{pmatrix} = \begin{pmatrix} 68 & 74 \\ 74 & 54 \\ 31 & 39 \end{pmatrix}$$

总的存储空间需求在矩阵结果的第 2 列给出，即 74，54，39。矩阵理论的功能是非常强大的。设想这样的情况：某个公司具有上百个工厂、上千种产品，在不同的星期有不同的单位利润和存储空间需求。通过矩阵代数，计算过程和我们的理解都将变得直截了当，我们不再需要为其中的一些细节而担心发愁。

**矩阵代数 vs 普通代数**　矩阵代数和普通代数之间有很多的类似之处。它们之间最大的不同点在于矩阵乘法。如果我们将矩阵 $A$ 和矩阵 $B$ 相乘，然后再以相反的顺序相乘，其结果如下

$$A \times B = \begin{pmatrix} 3 & 5 \\ 2 & 1 \end{pmatrix} \times \begin{pmatrix} 7 & 6 \\ 4 & 8 \end{pmatrix} = \begin{pmatrix} 3\times7+5\times4 & 3\times6+5\times8 \\ 2\times7+1\times4 & 2\times6+1\times8 \end{pmatrix} = \begin{pmatrix} 41 & 58 \\ 18 & 20 \end{pmatrix}$$

$$B \times A = \begin{pmatrix} 7 & 6 \\ 4 & 8 \end{pmatrix} \times \begin{pmatrix} 3 & 5 \\ 2 & 1 \end{pmatrix} = \begin{pmatrix} 7\times3+6\times2 & 7\times5+6\times1 \\ 4\times3+8\times2 & 4\times5+8\times1 \end{pmatrix} = \begin{pmatrix} 33 & 41 \\ 28 & 28 \end{pmatrix}$$

因此，在矩阵代数中 $A \times B$ 的结果和 $B \times A$ 的结果可能会不同，这种情况在普通代数中是不可能出现的。在普通代数中，交换乘子的顺序，结果不会改变。

另一个不同之处在于逆运算的不同。在普通代数中，求逆（求倒数）非常简单。如果 $a=7$，那么 $a$ 的逆为 $\frac{1}{7}$，这是因为它们满足 $\frac{1}{7} \times 7=1$。有时我们也将该逆写为 $a^{-1} = \frac{1}{7}$，因此，$a^{-1} \times a=1$。

举一个矩阵的例子，$A = \begin{pmatrix} 1 & 2 \\ 3 & 7 \end{pmatrix}$，我们可以验证 $A^{-1} = \begin{pmatrix} 7 & -2 \\ -3 & 1 \end{pmatrix}$，这是

因为 $A^{-1} \times A = \begin{pmatrix} 7 & -2 \\ -3 & 1 \end{pmatrix} \times \begin{pmatrix} 1 & 2 \\ 3 & 7 \end{pmatrix} = \begin{pmatrix} 1 & 0 \\ 0 & 1 \end{pmatrix}$。其中 $I = \begin{pmatrix} 1 & 0 \\ 0 & 1 \end{pmatrix}$，称为单位矩

阵,相当于普通代数中的 1。在普通代数中,只有 0 没有逆,但是在矩阵代数中,很多矩阵都没有逆。

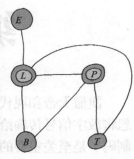

**旅行计划** 另一个使用矩阵的例子是对航线网络进行分析。这同时涉及枢纽机场以及小型机场。在实际应用中,这通常涉及几百个机场——但是在这里,我们只研究一个很小的例子:该网络包括枢纽机场伦敦(L)和巴黎(P),小型机场爱丁堡(E)、波尔多(B)和图卢兹(T),以及图中给出的一些可能的直飞航班。使用一台计算机来分析这些航班,首先要把它们表示为矩阵。如果两个机场之间存在直飞航班,则将矩阵中标记着这些机场的行和列的交点记为 1(如从伦敦到爱丁堡)。表示该航线网络"连通性"的矩阵是 $A$。

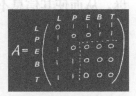

右下角的子矩阵(由虚线框出)表示这三个小型机场之间没有直飞航班。而这个矩阵和它自身的积 $A \times A = A^2$ 可以解释为,如果中途允许一次转机,那么两个机场间总共有多少种不同的航线。例如,从巴黎出发,通过其他城市,有 3 种可能的往返方式,但是从伦敦出发,不可能进行一次转机后到达爱丁堡。矩阵 $A+A^2$ 中的元素表示这两个机场之间的直飞航线与经过一次转机的航线的总数。这个例子也很好地反映了矩阵通过一次运算便可捕捉到大量数据的实质信息。

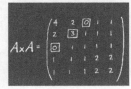

当一小批数学家在 19 世纪 50 年代创立矩阵理论的时候,他们的目的仅仅是用它来处理一些纯数学的问题。从应用的角度来说,矩阵理论真的是一种"寻找问题的解决方法"。而事实上,确实涌现出很多的"问题",需要用到这种解决方法。一个较早的应用发生在 20 世纪 20 年代,海森堡(Werner Heisenberg)对"(量子)矩阵力学"进行了研究,这是量子力学的一部分。另一个先驱是奥尔加(Olga Taussky-Todd),她使用矩阵代数对飞行器设计进行了一段时期的研究。当被问起她是如何发现这个课题的,她回答道:事实恰好是相反的,即,是矩阵理论找到了她。这是一场数学的游戏。

# 将一组组数字组合起来

# 40 编码

凯撒大帝和现代数字信号传输之间有什么共同点？简短的回答是代码和编码。要想将数字信号传输给计算机或数字电视机，将图像和语音编码为一连串的1或0（二进制码）是至关重要的，因为这些装置仅仅能够理解这种语言。凯撒大帝使用代码与他的将军们进行交流，根据一个只有他们知道的密钥，他们可以不断地改变信息中的字母，从而使其信息不被外人知道。

对于凯撒来说，正确性是至关重要的，同时还需要一个能够传输数字信号的有效方式。凯撒还希望他的信息能够不被他人知道，这类似于有线电视和卫星电视传输公司，他们也希望他们的信号仅对那些付过费的用户有意义。

我们首先来看一下正确性问题。人为错误或"传输线上的噪声"会不可避免地发生，我们必须对它们进行处理。一些数学思想可以让我们建立起能够自动检错甚至纠错的编码系统。

**检错和纠错** 一个最早的二进制编码系统是莫尔斯码，它使用了两种符号，点 · 和短线 –。美国发明家莫尔斯（Samuel F.B. Morse）于 1844 年发出了第一条使用该代码的跨城市信息，当时的信息是从华盛顿发给巴尔的摩。该代码是为 19 世纪中期的电报系统设计的，设计时并未充分考虑其性能。在莫尔斯码中，字母 A 被编码为 · –，B 被编码为 – · · ·，而 C 被编码为 – · – ·，类似地，其他字母也被编码为一系列的 · 与 – 的组合。如果发报员想要发出信息 "CAB"，那么他就需要发出下面这串符号：– · – · /

**大事年表**

| 公元前 55 年 | 约公元 1750 年 |
|---|---|
| 凯撒大帝入侵英国，他和他的将军们通信时使用了密码 | 欧拉定理成为了公共密钥密码学的理论基础 |

•−/−•••。尽管莫尔斯码有很多的优点，但是它的检错性能不是很好，更不用说纠错性能了。如果发报员原本想发出信息"*CAB*"，但是他将 C 中的一个•误发成了 −，并且遗漏了 A 中的 −，而电报噪声又将 B 中的•篡改成了 −，那么，最后接收到的序列将是•••−/•/−•••，而接收者不会看出任何的错误，只会将其译为"*FEZ*"。

我们举一个更加初级的例子，看一下仅由 0 和 1 组成的编码系统，其中 0 表示一个单词，而 1 表示另一个单词。假设军队指挥官必须要向他的军队发出一个"进攻"或"不进攻"的指令。指令"进攻"编码为 1，而指令"不进攻"编码为 0。如果 1 或 0 在传达过程中发生了错误，那么接收者们永远都不会知道他们会收到错误的指令，从而带来灾难性的后果。

我们可以通过使用长度为 2 的码字对其进行改进。如果这次我们将"进攻"编码为 11，而将"不进攻"编码为 00，情况会好一些。如果其中一个数字发生了错误，那么接收者会收到 10 或 01 的指令。由于只有 11 和00 才是合法的码字，因此，接收者必然可以知道传输过程中发生了错误。这个系统的优点是可以检测单字符错误，但是我们仍然不知道如何对其进行纠正。如果我们收到的信息是 01，我们无法知道发送端发出的是 00 还是 11。

设计更好的编码系统的方法是使用更长的码字。如果我们将"入侵"编码为 111，而将"不入侵"编码为 000，我们必然可以像刚才一样检测到单字符的错误。假设我们知道一个码字中最多只会发生 1 个错误（这是一个合理的假设，因为一个码字中发生 2 个错误的概率微乎其微），那么，事实上接收者可以对其进行纠正。例如，如果收到的信息是 110，那么正确的信息则应该是 111。根据我们的规则，正确的码字不可能是 000，因为该码字与 110 有 2 位不同的字符。这个系统仅仅包含 2 个码字，000 和 111，但是它们之间的差距足以进行错误检测和纠正。

自动更正模式下的单词处理使用的是相同的原则。如果我们输入了

| 1844 年 | 20 世纪 20 年代 | 1950 年 | 20 世纪 70 年代 |
|---|---|---|---|
| 莫尔斯使用他的密码发出了第一条信息 | 谜机被发明出来 | 理查德•海明（Richard Hamming）发表了一篇关于检错和纠错的关键论文 | 公共密钥密码学被发展起来 |

"animul"，单词处理器会检测到该错误，并且会将其替代为和其最相似的单词"animal"以完成纠错。但是，并不是所有的英文单词都可以被纠错，这是因为，如果我们输入"lomp"，则与其最相似的单词将不只一个，如 lamp、limp、lump、pomp，以及 romp，它们和 lomp 都很相似。

　　一种现代二进制码包含一系列由 0 和 1 组成的码字。通过令合法码字之间的距离足够大，我们便可以对其进行检错和纠错。莫尔斯码的码字过于靠近，而卫星数据传输所使用的现代编码系统却可以一直工作在自动更正模式下。为了进行错误检测，需要使用长码字以保证性能，因此，在码长和传输速率之间存在一个折衷关系。（美国）国家航空航天局 NASA 在太空航行中使用的是三向纠错码，该编码系统被证明在传输噪声较高的环境中具有足够的安全性。

　　**对信息进行保密**　凯撒大帝对其信息进行保密的方式是，根据一个仅有他和他的将军们知道的密钥，不断改变信息中的字母。如果该密钥落在了敌人手中，那么他们的所有信息将被敌人破解。在中世纪时期，苏格兰的玛丽王后从她所在的牢房中发出了代码形式的秘密信息。玛丽想要推翻其表姐伊丽莎白的统治，然而她的密令却被截获了。古罗马人曾使用一个密钥对所有字符进行轮转，而玛丽的编码方式要比这复杂得多。她的码字基于多个置换法，但是通过分析其中字母和符号出现的频率，这些置换法的密钥被最终解开。第二次世界大战期间，德国英格玛密码由于其密钥被发现而被最终破解。在这个例子中，破译密码是一个巨大的挑战，但是，该密码还是很容易受到攻击的，因为其密钥总是随信息一同发送。

　　关于信息加密的一个惊人进展发生于 20 世纪 70 年代。该进展一举推翻了人们之前所一直信奉的结论。它告诉我们，即使密钥被分发给了所有人，还是可以保证信息完全安全。这被称为公共密钥密码学。该方法依赖于一个被认为是最没用的数学分支中的一条 200 年前发现的古老定理。

　　**公共密钥密码学**　约翰（John Sender）先生是一名特工，在间谍组织中人们都称他为"J"。他刚刚来到一座城镇，并且要向他的联络人罗德尼（Rodney Receiver）博士发送一封密信，以通知他已到达。他接下来要做的事情非常有趣。他来到公共图书馆，从书架上取下一本城镇地址簿，然后寻找 R 博士 Receiver。在地址簿中，他发现 Receiver 博士的名字旁边有 2 个数字———一个长的，247，以及一个短的，5。这些信息对于所有人都是公开的，而约翰先生对消息加密所用到的所有信息，仅仅是他名字的简称，"J"。这个字母在某个单词列表中的位置是 74，同样地，这对所有人都是公开的。

　　约翰通过计算 247 除 $74^5$ 的模来对 74 进行加密，即，他要知道用 247 除 $74^5$ 所得到的余数。计算 $74^5$ 完全可以通过一个便携计算器完成，但是必须将它精确地计算出来

$$74^5=74\times74\times74\times74\times74=2\ 219\ 006\ 624$$

以及

$$2\ 219\ 006\ 624=8\ 983\ 832\times247+120$$

所以，用 247 去除这个庞大的数字，将得到余数 120。J 加密后的消息便是 120，他将该消息发送给了 R 博士。因为数字 247 和 5 对所有人都是公开的，因此任何人都可以对一条消息进行加密。但是并不是所有人都可以对它进行解密。R 博士拥有关于该加密消息的更多信息。他的个人数字 247 是通过将两个质数相乘得到的。在这个例子中，他将质数 $p=13$ 和 $q=19$ 相乘，从而得到了数字 247，但是这个秘密只有他自己才知道。

这是一条由欧拉发现的古老定理，如今它又被人们翻了出来，并将发挥极大的作用。R 博士使用了 $p=13$，$q=19$ 这两个质数，从而找到数值 $a$，使得 $5\times a\equiv 1$ 模 $(p-1)(q-1)$，其中符号 $\equiv$ 代表模运算的结果相等。$a$ 为何值，可以使得 $12\times18=216$ 除 $5\times a$ 余数得 1？略去中间的计算过程，我们得到 $a=173$。

因为只有他才知道质数 $p$ 和 $q$，因此 R 博士是可以算出数字 173 的唯一的人。通过 173，他算出了用 247 除 $120^{173}$ 所得到的余数。该运算超出了便携计算器的能力，但是我们还是可以通过一台计算机很容易地将结果计算出来。正如欧拉在 200 年前就已经知道的，最终结果是 74。通过这条信息，R 博士在单词列表中查询了第 74 个位置所对应的字母，并由此知道了 J 已经回到该城镇了。

你可能会说，黑客可以很容易地发现 $247=13\times19$ 这个事实，因此，该密码是可能被破解的。你或许是正确的。但是如果 R 博士使用另一个数字代替 247，加密和解密的原则仍然是一样的。他可以选择两个非常大的质数然后把它们乘起来，从而得到一个远大于 247 的数。

事实上，找到一个非常大的数的两个质因子几乎是不可能的——例如，数字 24 812 789 922 307 的两个质因子分别是多少？何况我们还可以选择比这个数大得多的数。公钥加密系统是安全的，如果某些超级计算成功地完成了对某个加密数字的质因子分解，那么 R 博士需要做的事情仅仅是将这个数继续增大。最终，R 博士"将一盒黑色的沙子和一盒白色的沙子混合在一起"的难度要远小于黑客们将这些沙子分离开来的难度。

# 永不泄密

# 41 高级计数

数学中有一个分支叫做组合数学，有时也被称为高级计数。它并不是将一系列数字进行简单地相加。"多少"是一个问题，而"对象可以被如何地组合"也是一个问题。问题的陈述方式通常都很简单，并不包含冗繁的数学结构——你并不需要知道很多的预备知识，便可以捋起袖子投入研究。这也使得组合问题颇具魅力。但是他们也给了一个健康的警告：小心沉迷其中，从而导致睡眠匮乏。

**圣艾夫斯的传说** 孩子们在很小的时候就已经开始接触组合数学了。

一首古老的童谣提出了一个组合数学的问题：

> 在去圣艾夫斯的路上，
> 我遇见一个男人，
> 他有 7 个太太。
> 每个太太有 7 个布袋。
> 每个布袋有 7 只大猫，
> 每只大猫有 7 只小猫。
> 小猫、大猫、布袋、太太：
> 到底有多少人要去圣艾夫斯？

最后一行的问题是一个脑筋急转弯（答案是 1）。但是我们可以将问题反过来问：来自圣艾夫斯的总共有多少？

将问题阐述清楚十分重要。我们可以保证我遇到的人和他的 7 个太太

## 大事年表

| 约公元前 1800 年 | 约公元 1100 年 |
|---|---|
| 莱茵德纸草书在埃及撰写 | 巴斯卡拉对排列组合进行了研究 |

| 男人 | 1 | 1 |
|---|---|---|
| 太太 | 7 | 7 |
| 布袋 | 7×7 | 49 |
| 大猫 | 7×7×7 | 343 |
| 小猫 | 7×7×7×7 | 2 401 |
| **总数** | | **2 801** |

都来自于圣艾夫斯吗？在我遇到他时，他的太太们是不是就在他旁边呢，或者是在其他地方呢？组合问题的首要要求是它的陈述必须非常清晰，理解起来不能有任何歧义。

我们假设"小猫、大猫、布袋、太太"都是从康沃尔郡的这座海滨小镇陪他一路走过来的。那么总共有多少是来自圣艾夫斯的？右侧的表格给了我们一个解。

1858 年，苏格兰古文物研究者亚历山大·莱茵德（Alexander Rhind）在参观卢克索时偶然遇到了一张 5 米长的写满公元前 1800 年左右的埃及数学的草纸。他将它买了下来。一些年之后，这张草纸被大英博物馆获得，而且被翻译成了现代文字。问题 79 是一个关于马、猫、老鼠和小麦的问题，该问题非常类似于上面的小猫、大猫、布袋和太太的问题。他们都涉及了 7 的幂，以及相同的分析方式。组合数学似乎拥有悠久的历史。

**阶乘数** 队列问题向我们引荐了组合数学兵器库中的第一件武器——阶乘数。假设 Alan，Brian，Charlotte，David 以及 Ellie 排成了一个队列

**E C A B D**

Ellie 站在队首，接下来分别是 Charlotte，Alan，Brian，而 David 站在队尾。通过改变这些人的位置可以构建出其他的队列，那么总共可能有多少种不同的队列呢？

该计数问题的艺术在于选择。对于站在队首的人，我们有 5 种不同的选择，而一旦我们将这个人选敲定，那么第 2 个位置上只剩下了 4 个不同的选择，以此类推。当到达队尾时，我们已经别无选择，只能将剩下的那个人排在那里。因此，总共有 5×4×3×2×1=120 种不同的队列。如果我们的队列中有 6 个人，那么总共会有 6×5×4×3×2×1=720 种不同的队列，而如果是 7 个人，则总共有 7×6×5×4×3×2×1=5 040 种不同的队列。

　　从 1 开始的连续整数相乘的结果称为阶乘数。它们在数学中的使用非常频繁，我们一般将 5×4×3×2×1 写为 5!（读作 "5 的阶乘"）。我们先看一下前几个阶乘数的情况（我们将 0! 定义为 1）。直观地，我们发现一些很小的基数却导致了很大的阶乘数。数字 $n$ 可能很小，但是数字 $n!$ 却可能很大。

　　如果我们现在要构建的仍然是 5 人队列，但是总共有 8 个候选者，$A$，$B$，$C$，$D$，$E$，$F$，$G$ 以及 $H$ 可供挑选，分析的方法几乎是完全相同。对于队首，有 8 种不同的选择，而对于第二个位置，则有 7 种不同的选择，以此类推。但是这一次，队尾却有 4 种不同的选择。最终可能的队列数为

$$8×7×6×5×4=6\ 720$$

这仍然可以写成阶乘数的形式，因为

$$8×7×6×5×4=8×7×6×5×4×\frac{3×2×1}{3×2×1}=\frac{8!}{3!}$$

| 数字 | 阶乘数 |
|---|---|
| 0 | 1 |
| 1 | 1 |
| 2 | 2 |
| 3 | 6 |
| 4 | 24 |
| 5 | 120 |
| 6 | 720 |
| 7 | 5 040 |
| 8 | 40 320 |
| 9 | 362 880 |

　　**组合**　不同的顺序会导致不同的队列。以下两个队列

$$C\ E\ B\ A\ D \qquad D\ A\ C\ E\ B$$

由相同的字母组成，但是却是不同的队列。我们已经知道这些字母总共可以产生出 5! 种不同的队列。如果我们所感兴趣的是，不考虑顺序，从 8 个人中选择 5 个人排成队列，总共有多少种不同的选择方式，那么，我们必须将 8×7×6×5×4=6720 除以 5!。因此，从 8 个人中选择 5 个人，总共有

$$\frac{8×7×6×5×4}{5×4×3×2×1}=56\ \text{种不同的选择方式}$$

我们用符号 C 来表示该组合数，记为 $C_8^5$，并且，

$$C_8^5=\frac{8!}{3!5!}=56$$

　　英国国家彩票的投注方式是从 49 个不同的数字中选择 6 个数字——有多少种不同的可能性？

$$C_{49}^6=\frac{49!}{43!6!}=\frac{49×48×47×46×45×44}{6×5×4×3×2×1}=13\ 983\ 816$$

最终只有一种组合会获奖，因此拿到奖金的几率大概等于 1400 万分之一。

**柯克曼问题**　尽管组合数学是一个很古老的问题，但是它的研究领域却非常广泛，在过去的 40 年中，由于与计算机科学联系密切，组合数学取得了飞速的发展。这些问题涉及图论、拉丁魔方以及其他可以被认为属于现代组合数学的问题。

组合数学的本质，是由一名研究该课题的硕士托马斯·柯克曼发现的，在他研究的那个年代，组合数学一直是和娱乐数学联系在一起的。柯克曼对离散几何、群论以及组合数学都作出了很多首创性的贡献，但是始终没有受到大家的肯定。给他纯粹数学家的身份正名的是一个谜题，人们一提起柯克曼就会想到那个谜题。1850 年，柯克曼提出了"15 个女学生的问题"：在每周中的每一天，女生们都会排成 5 行 3 列的队伍前往教堂。如果你已经厌烦了数独，那么，就尝试解决一下这个问题吧。我们需要排出一个每日的队列表，并且对于其中任意两个人，要保证她们并排走的情况最多只出现一次。我们故意用字母的大小写来区分这些女生，她们分别是：abigail, beatrice, constance, dorothy, emma, frances, grace, Agnes, Bernice, Charlotte, Danielle, Edith, Florence, Gwendolyn 以及 Victoria，表示为字母 a, b, c, d, e, f, g, A, B, C, D, E, F, G 以及 V。

柯克曼问题总共有 7 种不同的解，我们这里给出的是一个"循环解"——它是通过循环的方式产生的。下面的表格给出了具体的排队方式。

| 星期一 | | | 星期二 | | | 星期三 | | | 星期四 | | | 星期五 | | | 星期六 | | | 星期日 | | |
|---|---|---|---|---|---|---|---|---|---|---|---|---|---|---|---|---|---|---|---|---|
| a | A | V | b | B | V | c | C | V | d | D | V | e | E | V | f | F | V | g | G | V |
| b | E | D | c | F | E | d | G | F | e | A | G | f | B | A | g | C | B | a | D | C |
| c | B | G | d | C | A | e | D | B | f | E | C | g | F | D | a | G | E | b | A | F |
| d | f | g | e | g | a | f | a | b | g | b | c | a | c | d | b | d | e | c | e | f |
| e | F | C | f | G | D | g | A | E | a | B | F | b | C | G | c | D | A | d | E | B |

这个解被称为"循环解"，是因为下一天的队列表总是将前一天的队列表中的 **a** 改成 **b**，**b** 改成 **c**，一直到 **g** 改成 **a**。对大写字母也采用同样的循环方式：**A** 改成 **B**，**B** 改成 **C**，等等，但是 **V** 是一直不变的。

使用这些记号的一个内在原因是这些队列中的行对应着法诺几何（见第 28 章）中的边。柯克曼问题不仅是一个室内游戏，而且还是主流数学的一部分。

# 组合方式的多样性

# 42 幻方

**哈代曾经写到："数学家就像是画师或诗人，他们的职责就是制造模式。"即使以数学的标准来评判，仍可以说幻方具有非常有趣的模式。它们介于高度符号化的数学和谜题爱好者们所钟爱的迷人的模式之间。**

幻方是一个方形的表格，其中每个格中都写入了各不相同的整数，从而使得每一行、每一列以及每条对角线上的数字之和相等。

从技术角度讲，仅包含 1 行 1 列的方格也是幻方，但是它是如此的无聊，我们还是忽略它吧。包含 2 行 2 列的方格不可能是幻方。如果存在这样的幻方，我们可以得到图中所示的形式。由于每行和每列的数字之和都相等，因此有 $a+b=a+c$。这意味着 $b=c$，与表格中的所有数字各不相同相矛盾。

| a | b |
|---|---|
| c | d |

**洛书方格** $2\times2$ 的幻方不存在，我们接下来看一下 $3\times3$ 的方格，并且尝试构建一个幻方。我们从标准幻方开始，也就是说，方格中填写的数字是 1，2，3，4，5，6，7，8 以及 9。

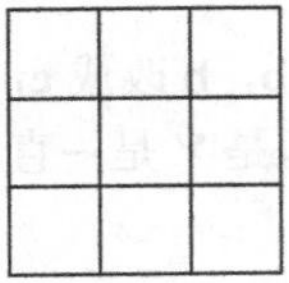

对于这样一个小方格，可以通过"试验法"构建出一个 $3\times3$ 的幻方，但是我们还是先进行一些推导，以帮助我们更快地将它构建出来。如果我们将方格中的所有数字相加，将得到

$$1+2+3+4+5+6+7+8+9=45$$

这个总和等于方格中每一行数字之和的总和。也就是说，每一行（以及每一

**大事年表**

| 约公元前 2800 年 | 约公元 1690 年 |
|---|---|
| 传说洛书方格诞生于这个时候 | 拉・洛贝尔（de la Loubère）提出了构造幻方的暹罗法 |

列、每条对角线）上的数字之和必须等于 15。现在我们看一下最中间的格子——不妨称其为 $c$。中间的 1 行和中间的 1 列，以及两条对角线都包含 $c$。如果我们将这 4 条线上的数字相加，将得到 15+15+15+15=60，而这个数必然等于所有数字之和再加 3 倍的 $c$。根据等式 $3c+45=60$ 可以知道到，$c$ 必然等于 5。我们还可以推导出一些其他的结论，例如，拐角上的格子中不能有 1。根据这些收集的线索，再使用试验法将会变得容易很多。试一下吧！

| 8 | 1 | 6 |
|---|---|---|
| 3 | 5 | 7 |
| 4 | 9 | 2 |

暹罗法对 3×3
幻方的解答

当然，我们还是更喜欢使用一种完全对称的方法来构建幻方。其中一种方法是由法国驻泰国大使，拉·洛贝尔（Simon de la Loubère）于 17 世纪晚期发现的。拉·洛贝尔曾对中国数学颇感兴趣，他曾写出了一个构建拥有奇数行/列的幻方的方法。在该方法中，第一步要做的是在第一行中间的格子中写入 1，然后对其后的数字，按如下方式写入方格中：将当前数字的下一个数字写入它右上方的格子中，如果该格子超出了方格的范围，则将它转回方格中。如果该格子中已经写入了数字，则将它写入当前格子下方的格子中。

事实上，该标准幻方是唯一的 3×3 幻方。其他所有的 3×3 幻方都可以通过将该幻方中的数字沿中心旋转，或者将中间一行和中间一列中的数字作镜像反射变换得到。该幻方被称为"洛书"幻方，闻名于公元前 3000 年的中国。传说该幻方第一次被人们看到是在洛河（Lo River）中的一只乌龟的背上。当地人将其看作是来自于众神仙的指示，如果他们不增加祭祀的供品，那么他们将难逃一场瘟疫之灾。

如果仅有一个 3×3 幻方，那么总共有多少种不同的 4×4 幻方？答案令人吃惊：总共有 880 种不同的 4 阶幻方（而且，我们也已经知道，总共有 2 202 441 792 种不同的 5 阶幻方）。但是，对于一般的 $n$ 阶幻方，我们给不出一个表示其数量的公式。

**杜勒及富兰克林幻方**　洛书幻方由于其年代和唯一性而闻名于世，另外

| 1693 年 | 1770 年 | 1986 年 |
|---|---|---|
| 弗兰尼克尔（Bernard Frenicle de Bessy）列出了所有 880 种 4x4 幻方 | 欧拉找出了一个平方幻方 | Sallows 创作出了由字母构造的幻方 |

一个 4×4 幻方由于和某个著名艺术家之间的关系而备受瞩目。将该幻方进行一系列的变换，可以构造出所有的 880 个 4×4 幻方，除此之外，它还具有非常多的性质。这是杜勒在 1514 年的雕刻作品《忧郁症》中所给出的 4×4 幻方。

在杜勒幻方中，所有行的数字之和为 34，另外所有列、对角线，以及组成该 4×4 方格的 2×2 小方格中的数字之和也是 34。杜勒甚至设法将其完成的年份刻在了这个杰作最后一行的中间两个格子中。

美国科学家和政治家本杰明·富兰克林发现构造幻方是一个锻炼思维的好方法。他对此非常擅长，而到如今数学家们仍然不清楚他是如何做到这些的，因为大的幻方靠运气是不可能构造出来的。富兰克林承认儿时曾在幻方上花费了相当多的时间，尽管那时他对"算术"还不是很清楚。以下便是一个他在儿时发现的幻方。

| 52 | 61 | 4  | 13 | 20 | 29 | 36 | 45 |
|----|----|----|----|----|----|----|----|
| 14 | 3  | 62 | 51 | 46 | 35 | 30 | 19 |
| 53 | 60 | 5  | 12 | 21 | 28 | 37 | 44 |
| 11 | 6  | 59 | 54 | 43 | 38 | 27 | 22 |
| 55 | 58 | 7  | 10 | 23 | 26 | 39 | 42 |
| 9  | 8  | 57 | 56 | 41 | 40 | 25 | 24 |
| 50 | 63 | 2  | 15 | 18 | 31 | 34 | 47 |
| 16 | 1  | 64 | 49 | 48 | 33 | 32 | 17 |

这个标准幻方包含了所有种类的对称。所有的行、列、对角线以及"折线"（图中被强调的部分）上的数字之和都是 260。你还可以在其中发现很多其他的东西——比如，最中心的 2×2 方格中的数字，加上 4 个拐角上的数字，结果也等于 260。仔细观察一下，你还会发现，对于所有的 2×2 方格，有一个非常有趣的结果。

**平方幻方**　某些幻方是由一些平方数组成的。构造这类幻方的问题是由法国数学家艾得渥·卢卡斯（Edouard Lucas）于 1876 年提出的。到现在为止，还没有发现一个 3×3 的平方幻方，尽管有一个已经非常接近了。

这个方格的所有行、列以及其中一条对角线上的数字之和都等于 21 609，但是另一条对角线上的数字之和却等于 $127^2+113^2+97^2=38\,307$。如果你自己想尝试找出一个这样的幻方，你应当牢记下面这条已经证明了的结果：中心格子中的数字必须大于 $2.5 \times 10^{25}$，因此，你不可能找到一个由较小的数字组成的平方幻方。这是一个严肃的数学问题，它涉及椭圆曲线（被用于证明费马大定理）。另外还有人证明了，不存在由立方数或四次方数构成的 3×3 幻方。

| $127^2$ | $46^2$  | $58^2$ |
|---------|---------|--------|
| $2^2$   | $113^2$ | $94^2$ |
| $74^2$  | $82^2$  | $97^2$ |

然而，人们在更大的幻方中成功地找到了这种平方幻方。4×4 和 5×5 的平方幻方确实是存在的。1770 年，欧拉展示了一个这样的例子，但是没

有提供构造的方法。后来，人们发现这个幻方家族和四元数代数，即四维虚数是有密切联系的。

**奇异幻方** 大的幻方可能会拥有一些令人惊叹的性质。幻方专家威廉·本森曾构造出一个 32×32 的数字阵列，该阵列中的数字、它们的平方以及它们的立方都构成了幻方。2001 年，有人构造出了一个 1 024×1 024 的数字阵列，其中的元素从 1 次幂到 5 次幂都构成幻方。还有很多类似的结果。

如果条件被放宽，我们还可以构造出其他各种各样的幻方。标准幻方一直是幻方的主流。如果去掉对角线上的数字之和必须等于行 / 列上的数字之和这一条件，那么满足条件的情况也太多了。我们可以寻找仅由质数构成的幻方，或者考虑其他的形状，要求它们也拥有"魔幻的性质"。另外，我们还可以将其扩展到更高维中，从而产生出幻立方和幻超立方。

但是，"最了不起的幻方"的奖章一定要颁发给某个性质非常奇特的幻方，该幻方是一个 3×3 的简单幻方，由荷兰电子工程师和语言大师 Lee Sallows 发现。

| 5 | 22 | 18 |
|---|----|----|
| 28 | 15 | 2 |
| 12 | 8 | 25 |

该幻方有什么了不起的地方呢？首先我们将这些数字写成英文单词：

| five | twenty-two | eighteen |
|------|------------|----------|
| twenty-eight | fifteen | two |
| twelve | eight | twenty-five |

然后数出每个单词所包含的字符数，并将其写到下面的方格中。

| 4 | 9 | 8 |
|---|---|---|
| 11 | 7 | 3 |
| 6 | 5 | 10 |

这下便可以看到它的非凡之处了，这个从 3 到 11 之间的连续数字构成了一个新的幻方。我们同时也发现，这两个 3×3 幻方的行 / 列之和（21 和 45）都包含 9 个字符，并且恰好等于 3×3。

# 数学的"法术"

# 43 拉丁方阵

最近几年，数独在全世界都非常盛行。在每块大陆上，都有很多人正咬着笔头，对着一个个表格冥思苦想，等待着灵光一现的时刻到来，从而可以把正确的数字填入那些格子中。是填入4，还是填入5呢？或者应该填入9。那些早晨乘坐火车去上班的人们，在车上思索这些表格所耗费的脑力，甚至超过他们在一天余下的时间中所耗费的脑力。在做晚饭的时候，他们也经常由于过于投入而将饭煮糊。到底应该是5，是4，还是7呢？所有这些人都在思考拉丁方阵——他们正在成为数学家。

**将数独解开**　在数独中，给定一个 9×9 的方格，我们要做的是将数字填进去。方格中已经给出了一些数字，我们要以它们为线索，将剩下的数字写出来。方格中的每一行和每一列，以及每一个 3×3 的子方格，都应该只包含 1，2，3…9 这 9 个数字中的一个。

一般认为，数独（意思是"单一的数字"）是 20 世纪 70 年代晚期被发明出来的。它于 20 世纪 80 年代开始在日本流行，到 2005 年，已经席卷了整个世界。这些谜题的魅力在于，它们不像纵横字谜那样对词汇量有很高的要求，但是和纵横字谜一样让人欲罢不能。它们之间有着很多的共同点，可以说，对它们的着迷都是某种形式的自我折磨。

**3×3 拉丁方阵**　如果一个方阵中的符号数等于它的行 / 列数，那么这个方阵被称为拉丁方阵。方阵中的符号数，即该方阵的大小，称为它的

## 大事年表

| 公元 1779 年 | 1900 年 |
| --- | --- |
| 欧拉对拉丁方阵的理论进行了探索 | 塔里证明了不存在 6 阶正交拉丁方阵 |

"阶"。我们是否可以在一个 3×3 的空白方阵中填入符号，从而使得每一行和每一列都包含 a、b、c 3 个符号，如果可以的话，该方阵便是一个 3 阶的拉丁方阵。

欧拉在介绍拉丁方阵这个新概念时，将其称为"一种新的幻方"。但是，和幻方不同的是，拉丁方阵和算术没有任何的关系，其中的符号也不一定是数字。它之所以被称为拉丁方阵，是因为其中所填写的符号都来自于拉丁字母表，而欧拉在其他方阵中使用的是希腊字母。

3×3 的拉丁方阵是很容易写出来的。

| a | b | c |
|---|---|---|
| b | c | a |
| c | a | b |

如果 a、b、c 分别表示星期一、星期三和星期五，那么这个方阵可以当作两组人员的会议日程表。第一组由 Larry、Mary 和 Nancy 组成，而第二组由 Ross、Sophie 和 Tom 组成。

|   | R | S | T |
|---|---|---|---|
| L | a | b | c |
| M | b | c | a |
| N | c | a | b |

例如，第一组的 Mary 和第二组的 Tom 在星期一有一次会议（M 行和 T 列的交点为 a= 星期一）。该拉丁方阵日程表保证了两组成员之间两两都会有一次会议，而且不会有日程上的冲突。

这并不是唯一可能的 3×3 拉丁方阵。假设 A、B、C 分别表示两组在会议上讨论的主题，我们可以构造出另一个拉丁方阵，使得每个人和另外一组中的所有人讨论的都是不同的主题。

|   | R | S | T |
|---|---|---|---|
| L | A | B | C |
| M | C | A | B |
| N | B | C | A |

因此，第一组的 Mary 将和 Ross 谈论主题 C，和 Sophie 谈论主题 A，而和 Tom 谈论主题 B。

但是，讨论将在何时举行，在什么人之间进行，以及讨论的主题是什么？如何用日程表表示出这些复杂的组织关系？幸运的是，通过将这两个拉丁方阵中的数字放在一起，可以将它们合成一个复合拉丁方阵，其中，日期和主题之间总共有 9 种不同的配对，而这 9 种配对正好分布在方阵中 9 个不同的格子里。

**1925 年**

费希尔提出使用拉丁方阵来
设计统计学试验

**1960 年**

欧拉关于正交拉丁方阵不存在的猜想
被玻斯、帕克和西里克汉特证伪

**1979 年**

数独类游戏在纽约被发明出来

|   | R | S | T |
|---|---|---|---|
| **L** | a,A | b,B | c,C |
| **M** | b,C | c,A | a,B |
| **N** | c,B | a,C | b,A |

历史上，还有人曾用"9 军官问题"对拉丁方阵进行解释。有 9 个官员，他们属于不同的编队 a，b，c，而他们的军衔也各不相同，分别为 A，B，C。现在，要把他们排成一个阅兵队伍，并且要求每一行和每一列中都包含来自于所有编队、所有军衔的军官。具有这种关系的拉丁方阵被称作是"正交"的。3×3 的正交拉丁方阵是非常容易寻找的，但是寻找更大的正交拉丁方阵对却是非常困难的。这也是欧拉的一项研究发现。

对于 4×4 拉丁方阵的情况，我们有一个类似的"16 军官问题"：将扑克牌中的 16 张宫廷牌摆放到一个 4×4 的方阵中，要求每一行和每一列的 4 张牌都具有不同的点数（A，K，Q，J）和花色（红桃，黑桃，梅花，方片）。1782 年，欧拉提出了一个类似的"36 军官问题"。事实上，他是在寻找 2 个 6 阶的正交拉丁方阵。但是他始终没能找到它们，由此他猜想，不存在阶为 6，10，14，18，22…的正交拉丁方阵。这个结论可以被证明吗？

一个名叫加斯顿·塔里（Gaston Tarry）的业余数学家取得了一些进展，他是阿尔及利亚的一名公务员。他在 1900 年对所有的例子进行了仔细地审查，从而验证了欧拉猜想的其中一种情况：不存在阶为 6 的正交拉丁方阵。数学家们很自然地认为，欧拉猜想在 10，14，18，22 等其他情况下也是正确的。

1960 年，在三位数学家的共同努力下，欧拉猜想被证明在其他所有情况下都是不成立的，这震惊了当时的数学界。玻斯（Raj Bose）、欧内斯特·帕克（Ernest Parker）以及西里克汉特（Sharadchandra Shrikhande）证明了阶为 10，14，18，22 的正交拉丁方阵是存在的。拉丁方阵不存在的唯一情况（除阶为 1 和 2 这两种没有意义的情况之外）是阶为 6。

我们已经看到，有 2 个互相正交的 3 阶拉丁方阵。对于 4 阶的情况，我们可以构造出 3 个互相正交的拉丁方阵。可以证明，对于阶为 $n$ 的情况，最多只能有 $n-1$ 个互相正交的拉丁方阵，例如，到目前为止，如果 $n=10$，那么最多只能有 9 个互相正交的拉丁方阵。找到这些方阵是非常困难的。迄今为止，甚至还没有人能构造出 3 个互相正交的 10 阶拉丁方阵。

**拉丁方阵有用吗**　杰出的统计学家 R.A. 费希尔发现了拉丁方阵的实际应用价值。在英国赫特福德郡的洛桑研究所（Rothamsted Research Station）

工作时，他曾使用它们对农业方法进行改革。

　　费希尔的研究目标是肥料对农作物产量的影响。在理想情况下，我们希望在同等的土壤条件下种植农作物，从而将土壤因素的影响排除掉。然后，我们便可以放心地施加各种肥料，因为我们知道"讨厌"的土壤质量因素已经被排除在外了。保证同等土壤条件的唯一办法是使用完全相同的土壤——但是实际中，我们是不可能将农作物挖出然后重新种植的。即使我们可以做到这一点，不同的天气状况又会成为新的影响因素。

　　一种解决办法是使用拉丁方阵。让我们看一个对 4 种肥料进行测试的例子。如果我们将一块田地划分成 16 块区域，那么我们便可以用一个拉丁方阵来描述这块田地，其中，土壤质量在水平方向和竖直方向上都在变化。

　　然后，我们将 4 种肥料进行随机地施加，其施加方式标记为图中的 $a$，$b$，$c$，$d$。同时我们保证每一行和每一列中都施加了 4 种不同的肥料，其目的是除去土壤质量变化的影响。如果我们担心另一个因素也会影响农作物的产量，那么可以通过同样的方式对其进行处理。假如我们认为一天中施肥的时间是一个影响因素，那么我们就标出 4 个时间段来，分别是 $A$，$B$，$C$，$D$，并且设计出一个正交拉丁方阵的方案来收集数据。这保证了每一种肥料和时间的配对都出现在了划分好的田地当中。实验的设计方案如图所示。

| | | | |
|---|---|---|---|
| $a$, 时间段 $A$ | $b$, 时间段 $B$ | $c$, 时间段 $C$ | $d$, 时间段 $D$ |
| $b$, 时间段 $C$ | $a$, 时间段 $D$ | $d$, 时间段 $A$ | $c$, 时间段 $B$ |
| $c$, 时间段 $D$ | $d$, 时间段 $C$ | $a$, 时间段 $B$ | $b$, 时间段 $A$ |
| $d$, 时间段 $B$ | $c$, 时间段 $A$ | $b$, 时间段 $D$ | $a$, 时间段 $C$ |

　　通过更加精细的拉丁方阵设计方案，可以将其他影响因素进一步地排除。欧拉肯定做梦都没有想到，他的军官问题的解决方案被应用到了农业实验当中。

# 解密数独

# 44  金钱数学

诺曼是一位自行车高级销售。他把让所有人都骑上自行车视为自己的使命，因此，当一名顾客走入他的商店，并且不假思索地购买了一辆99英镑的自行车时，他的心中充满了欣喜。那位顾客用一张150英镑的支票进行支付，由于当时银行已经关门了，诺曼只好向他的邻居兑现。他回来以后，给了顾客51英镑的找零，而后顾客便骑车而去。然而，不幸的事马上发生了，该支票被银行退回了，因此，邻居要求诺曼将现金退回来，诺曼只好又跟一个朋友借了这笔钱。这辆自行车的成本是79英镑，诺曼总共损失了多少钱呢？

这个小谜题是由伟大的谜题制造者亨利·迪德尼提出的。它是一种金钱数学，更确切地说，是一个和金钱相关的谜题。它向人们展示了金钱和时间的依赖关系，以及通货膨胀的存在和作用。该谜题写于 20 世纪 20 年代，迪德尼的自行车实际上只花费了顾客 15 英镑。对抗通货膨胀的方法是为金钱设置利息。这是一个严谨的数学问题，涉及现代金融市场领域。

**复利**　利息有 2 种形式：单利和复利。我们首先将数学的聚光灯投向两兄弟，复利·查理和单利·西蒙。他们的父亲给了他们每个人 1 000 英镑，他们将这笔钱都存到了银行里。复利·查理总是选择复利的计息方式，而单利·西蒙则比较保守，他更倾向于单利的计息方式。历史上，复利曾一直被看成是高利贷，因此遭到很多反对。而如今，复利在日常生活中已经随处可见，它在现代货币系统中占据着中心地位。复利是一种利滚利的

## 大事年表

| 公元前 3000 年 | 公元 1494 年 |
| --- | --- |
| 巴比伦人使用 16 进制数来处理财政事务 | 卢卡·帕乔利发表了一个财务表和一个复式簿记 |

计息方式，这也是查理钟爱它的原因。单利并不具备此性质，它始终都是在本金上计算的。西蒙可以很容易地理解这一点，这些本金每一年获得的利息都是相同的。

每当谈及数学，有爱因斯坦在旁边总是有益的——但是，他的那句宣言"复利是人类历史上最伟大的发现"有点过于牵强了。不可否认，计算复利的公式比他的相对论公式 $E=mc^2$ 更加实用。如果你要存钱、借钱、使用信用卡、进行抵押或者购买年金，复利公式都在悄悄地为你（或针对你）工作。公式中的符号代表什么？$P$ 代表本金（你存入或借出的款额），$i$ 代表百分利率，而 $n$ 代表时间段。

$$A = P \times (1+i)^n$$

复利公式

查理在账户中存入了 1 000 英镑，其年利率为 7%。三年后，他的账户中将有多少钱？这里，$P=1\,000$，$i=0.07$，$n=3$。符号 $A$ 表示最终的本息和，根据复利公式，可以算出 $A=1\,225.04$ 英镑。

西蒙的存款账户利率也是 7%，不过是单利。3 年之后他的本息和是多少？在第一年中，他可以获得 70 英镑的利息，而第二年和第三年获得的利息也是这个数。因此，他总共获得 210 英镑的利息，最终的本息和为 1 210 英镑。可见，查理的投资方式更具商业价值。

在复利情况下，本息和的增长速度可能会非常快。如果你是在存款，这将是一条好消息，但是如果你是在借款，它就变成一条坏消息了。复利的一个关键因素是计算利息的周期。查理听说了另一种复利方案，其利息为每周 1%，即 1 英镑可以获得 1 便士的利息。这种方案可以给他带来多少回报？

西蒙认为他知道答案：他觉得应该是将利率 1% 乘以 52（一年中的星期数），即年利率为 52%。这意味着可以获得 520 英镑的利息，即本息和为 1 520 英镑。但是，查理提醒他，复利并不是这么简单，要从复利的计算公

**1718 年** 　　　　**1756 年** 　　　　**1848 年**

棣莫弗对死亡率统计和年金理论进行了研究　　詹姆士·达德森发表了 *First Lectures on Insurances*（《保险学最初讲义》）　　精算学会在伦敦成立

式入手。根据 $P$=1 000，$i$=0.01，以及 $n$=52，查理计算出实际的本息和应该为 1000×（1.01）$^{52}$。通过计算器，他得出最终的结果是 1 677.69 英镑，比单利·西蒙算出的结果大很多。查理算出的等效年利率是 67.769%，这也比西蒙算出的 52% 大很多。

西蒙对此留下了深刻的印象，但是他的钱已经存在了单利账户中。他想要知道，多久之后，他 1 000 英镑的本金会翻一倍。他每年都会获得 70 英镑的利息，因此他需要做的只是将 1 000 除以 70。答案是 14.29，也就是说，15 年后，他在银行中的存款肯定能超过 2 000 英镑。他确实要等相当长的时间。为了显示复利的优越性，查理也打算算出其本金翻倍所需要的时间。这个计算有点复杂，但是一个朋友告诉了他 72 法则。

**72 法则** 对于某个给定的百分率，72 法则是一条用于估计金钱翻倍所需时间的经验法则。尽管查理所感兴趣的时间单位是年，但是 72 法则可以同样应用于月和日。要得到金钱翻倍的周期，查理所有要做的就是用 72 除以利率，即 72/7=10.3，因此，查理可以跟他的弟弟说，他的投资将在 11 年内翻倍，比西蒙的 15 年快很多。这只是一条近似法则，但是当我们需要很快地做出决定时，它是非常有用的。

**现值** 查理的父亲被儿子的商业头脑深深触动了，他把查理拉到一边对他说："我打算给你 100 000 英镑。"查理听了十分兴奋。但是他的父亲又增加了一个条件：只有当他到了 45 岁以后，他的父亲才会把钱交给他，这可要等上十年。查理因此不再那么高兴了。

查理现在就想用到这笔钱，但是显然他做不到。他来到银行，并向他们许诺，他将在 10 年后拥有 100 000 英镑。银行回复说，时间就是金钱，10 年后的 100 000 英镑跟现在的 100 000 英镑可是两码事。银行需要估计出现在投资多少钱则 10 年后会变成 100 000 英镑。这是他们准备借贷给查理的款额。银行相信 12% 的利率会给他们带来不错的收益。以 12% 的利率计算，本金为多少时，可以在 10 年后获得 100 000 英镑的本息和？对于这个问题，我们同样可以使用复利公式。这次，给定 $A$=100 000 英镑，我们需要计算的是 $A$ 的现值 $P$。根据 $n$=10，以及 $i$=0.12，银行贷给查理的款额为 100 000/1.12$^{10}$=32 197.32 英镑。查理被这么小的数字震惊了，但是他仍然可以用这笔钱去购买那辆新保时捷。

**如何处理定期存款** 既然查理的父亲已经承诺 10 年后给他 100 000 英镑，那么他就需要将这笔钱攒起来。他打算在 10 年中的每个年末存入等额的钱。到了第 10 年的年末，他便可以将这笔钱交给查理，然后查理便可以用这笔钱来偿还银行贷款。

查理的父亲找到了一种存款账户，该存款账户在 10 年中年利率都是 8%。他让查理帮他计算出年存款额。查理之前用复利公式时，他只需考虑一个存款额（原始本金），但是，他现在要考虑的是不同时间内存入的 10 次存款。假设利率是 $i$，每个年末定期存入的款额为 $R$，则 $n$ 年之后账户中的总额可以根据定期支付公式来计算。

$$S = R \times \frac{((1+i)^n - 1)}{i}$$

**定期支付公式**

查理知道 $S$ = 100 000 英镑，$n$ = 10，以及 $i$=0.08，他由此算出了 $R$ = 6 902.95。

既然查理已经拥有了他的新保时捷，他现在需要的是一个停放它的车库。查理决定以按揭的方式购买一座 300 000 英镑的房屋，他需要在 25 年中以等额偿还的方式将这笔钱还清。他意识到这个问题是一个现值为 300 000 英镑的定期支付问题，因此，他很容易地算出了每年需偿还的款额。他的父亲再一次被触动了，他打算继续利用查理在这方面的能力。他刚刚收到了一笔 150 000 英镑的一次性退休金，并且打算用它来购买一份年金。"没问题，"查理说，"我们可以使用相同的公式，因为它们的数学原理是一样的。不同的是，按揭公司把钱给我，我以分期付款的方式偿还，而这次是你把钱给他们，他们以分期付款的方式向你支付。"

顺便说一下，亨利·迪德尼（Henry Dudeney）的谜题答案是 130 英镑，其中的 51 英镑是诺曼找给顾客的，另外的 79 英镑是他购买自行车的成本。

# 复利是最佳选择

# 45 饮食问题

塔尼娅·史密斯十分注重锻炼，她每天都去健身房，并且非常严格地控制着她的饮食。塔尼娅以兼职的方式养活自己，她的工作是观察钱的流向。对她来说，每个月摄取适量的矿物质和维生素以保持舒适和健康是最重要的事情。饮食量是由她的教练决定的。教练建议未来的奥运会冠军们每个月至少应当摄入 120 毫克的维生素和 880 毫克的矿物质。为了确保塔尼娅遵循这个指示，她的食物主要包括两部分。第一部分是固体形式的食物，我们将其称为 "Solido"，而另一部分是液体形式的食物，我们将其称为 "Liquex"。她的问题是要决定每个月中这两种食物分别需要购买多少，才能达到教练的要求。

经典饮食问题是设计出一种价位最低的健康饮食方案。这是线性规划问题的一个原型。线性规划是 20 世纪 40 年代中发展起来的一门学科，现在已经应用在了很多不同的领域里。

在 3 月初，塔尼娅前往超市购买这两种食品。在一包 Solido 食物的背面，他发现该食物包含 2 毫克的维生素和 10 毫克的矿物质，而另一盒 Liquex 食物则包含 3 毫克的维生素和 50 毫克的矿物质。于是，她在购物车中放入了 30 包 Solido 食物和 5 盒 Liquex 食物，作为该月的食物。在结账之前，她得知道这些食物是否已经达到了教练的要求。她首先算出了购物车中的食物总共含有多少维生素。30 包 Solido 食物中总共含有 2×30=60 毫克维生素，而 5 盒 Liquex 食物总共含有 3×5=15 毫克维生素。因此，食物中

|  | Solido | Liquex | 要求 |
|---|---|---|---|
| 维生素 | 2 毫克 | 3 毫克 | 120 毫克 |
| 矿物质 | 10 毫克 | 50 毫克 | 880 毫克 |

## 大事年表

| 公元 1826 年 | 1902 年 |
|---|---|
| 傅里叶开始使用线形规划；高斯使用高斯消去法对线性方程进行求解 | 法卡斯（Farkas）给出了不等式系统的解 |

总共有 2×30+3×5=75 毫克维生素。使用相同的计算方式，可以算出矿物质的总量为 10×30+50×5=550 毫克。

教练的要求是至少 120 毫克维生素和 850 毫克矿物质，因此，她需要在购物车中放入更多的食物。塔尼娅现在的问题是如何分配 Solido 食物和 Liquex 食物的购买量，使得其中维生素和矿物质的含量正好达到要求。她重新回到超市的保健食品区，增加了这两种食物的购买量。她现在有 40 包 Solido 食物和 15 盒 Liquex 食物。这下肯定够了吗？她重新算了一下，现在的维生素含量是 2×40+3×15=125 毫克，而矿物质含量是 10×40+50×15=1 150 毫克。现在塔尼娅肯定已经达到了教练的要求，甚至已经超出了他要求的量。

**可行解**　对塔尼娅来说，两种食物的组合（40，15）可以达到要求。我们将其称为一个可能组合，或"可行"解。我们已经看到（30，15）不是一个可行解，因此这两种食物的所有组合方式可以划分为 2 部分——满足饮食要求的可行解和不满足要求的非可行解。

塔尼娅还有很多其他的选择。她可以在购物车中仅仅放入 Solido 食物。如果她这样做的话，可能至少需要买 88 包。组合（88，0）同时满足两项要求，其维生素的含量为 2×88+3×0=176 毫克，而矿物质的含量为 10×88+50×0=880 毫克。如果她只购买 Liquex 食物，那么她至少需要购买 40 盒，可行解（0，40）同时满足了两项要求，因为维生素含量为 2×0+3×40=120 毫克，而矿物质含量为 10×0+50×40=2 000 毫克。我们可能会注意到，这些可能组合并不是恰好满足对维生素和矿物质的要求，不过教练肯定会认为塔尼娅的购买量是足够的。

**最优解**　现在我们要把开销考虑进来。塔尼娅必须到收银台为这些食物付款。她注意到这两种食物的单价都是 5 英镑。对于以上找到的几个可行解（40，15）、（88，0）和（0，40），其支付总额分别为 275 英镑、440 英镑以及 200 英镑。因此，到现在为止，最好的方案是只购买 40 盒 Liquex 食物。这个方案是满足要求的所有方案中开销最少的一个。但是，这些方案中的维生素和矿物质含量并不是恰好满足要求。一时冲动，塔尼娅尝试了其他一些 Solido 食物和 Liquex 食物的组合方式，并计算出它们分别需要花费多少钱。她可以做得更好吗？是否有一种 Solido 食物和 Liquex 食物的可能组合，在满足教练要求的同时开销最少？她现在想做的事情是，回到家里，拿起一支笔和一张纸，对这个问题进行分析。

**线性规划问题**　塔尼娅一直经受着将目标可视化的训练。既然她可以将其应用到获得奥运会金牌上，那么为何不能用到数学上呢？因此她画出了一张可行解区域的图。由于她只关注两种食物，因此，将其可视化是完全可能的。直线 *AD* 表示的是恰巧包含 120 毫克维生素的 Solido 和 Liquex 食物组合。而直线 *EC* 表示的是包含 880 毫克矿物质的食物组合。同时在这两条线上方的区域是可行区域，它表示的是塔尼娅可以购买的所有可能的组合方式。

与饮食问题框架类似的问题称为线性规划问题。单词"规划"意味着程序（这个词在之前便意味着计算机编程），而"线性"意味着该程序使用了直线。要用线性规划解决塔尼娅的问题，数学家们已经证明了我们要做的所有事情就是算出塔尼娅的图中两条直线交点上的食物开销。于是，塔尼娅在 *B* 点找到了一个新的可行解，其坐标为（48，8），即她可以购买 48 包 Solido 食物和 8 盒 Liquex 食物。如果她这么做的话，她的饮食要求恰好可以被满足，因为这种组合中包含 120 毫克的维生素和 880 毫克的矿物质。由于二者的单价都是 5 英镑，因此这个组合总共要花掉她 280 英镑。因此，最优的购买方案仍然是之前的那个方案，即只购买 40 盒 Liquex 食物，其开销为 200 英镑，虽然这种组合中矿物质的含量比要求的 880 毫克超出了 1 120 毫克。

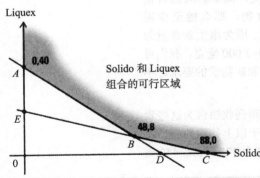

最终的最优组合是由两种食物各自的单价决定的。如果每包 Solido 食物的价格下降到 2 英镑，而 Liquex 的价格提高到 7 英镑，那么 *A*（0，40）、*B*（48，8）、*C*（88，0）这三种组合的开销将分别是 280 英镑、152 英镑以及 176 英镑。

塔尼娅的最优购买组合是 48 包 Solido 食物和 8 盒 Liquex 食物，其花费总额为 152 英镑。

**历史** 1847 年，美国数学家乔治·丹齐克在为美国空军工作时，提出了一个解决线性规划问题的方法，称为"单纯形算法"（simplex method）。该方法是如此成功，以至于丹齐克在西方名声大震，被人誉为"线性规划之父"。前苏联经济学家利奥尼德·康托罗维奇（Leonid Kantorovich）在冷战时期也独立地提出了一套线性规划理论。1975 年，康托罗维奇和荷兰数学家加林·库普曼斯（Tjalling Koopmans）因在资源分配方面的贡献，被一同授予了诺贝尔经济学奖，其贡献包括线性规划方面的技术。

塔尼娅关注的只有 2 种食物——2 个变量——但是现在我们经常可以遇到一些涉及上千个变量的问题。当丹齐克发现他的方法的时候，计算机还非常稀少，但是当时有一个"数学表格项目"——一项于 1938 年在纽约发起的长达 10 年的创造就业机会的计划。一个由几十个人组成的人力计算小组，使用手持计算器足足计算了 12 天，才解决了一个涉及 9 种"维生素"含量要求和 77 个变量的饮食问题。

尽管单纯形算法和它的各种衍化版本获得了很大的成功，但还是有很多人尝试着其他的方法。1984 年，印度数学家纳伦德拉·卡玛卡（Narendra Karmarkar）发明了一种新的算法，该算法具有很高的实用价值，而前苏联经济学家利奥尼德·卡奇安（Leonid Khachiyan）提出了一种理论意义非常重大的方法。

基本的线性规划模型已被应用到了饮食之外的许多其他场合。其中一类问题是运输问题，该问题所关心的是如何将货物从工厂运输到仓库。该问题有一个特殊的结构，因此也形成了一个独立的领域。该问题的最终目标是将运输量最小化。一些线性规划问题的目标是将某些量最大化（如最大化利润）。在另外一些问题中，变量的取值被限定在整数范围，甚至只有 0 和 1 两个变量，这些问题和以上问题有很大的区别，它们具有自己的求解程序。

塔尼娅是否能够获得奥运金牌还有待观察。如果真的得了金牌，那将是线性规划的另一个成功。

# 以最小的花销来保持健康

# 46 旅行推销员

詹姆士·库克是 Electra 公司的一名超级推销员。Electra 公司是一家地毯清洁器的生产商，总部设在俾斯麦（美国北达科他州）。他已经连续 3 年获得年度推销员奖章，这足以证明他的能力。他的销售区域包括阿尔伯克基、芝加哥、达拉斯和埃尔帕索这四座城市，他每个月都要往返这些城市一次。摆在他面前的问题是如何制定旅行路线，使得旅行的总路程最短。这便是经典的旅行推销员问题。

詹姆士画出了一张里程表，显示出城市之间的距离。例如，俾斯麦和达拉斯之间的路程是 1 632 公里，这可以在图中的俾斯麦列和达拉斯行相交的格子里（用阴影标出）找到。

**贪婪算法** 作为一个经验丰富的推销员，詹姆士·库克作出了一张销售城市的草图，这张图并不需要很精确，只要能告诉他这些城市的大概位置和它们之间的距离就可以了。他经常采取的一个路线是从俾斯麦出发，依次前往芝加哥、阿尔伯克基、达拉斯和埃尔帕索，最后再回到俾斯麦。这条路线是 BCADEB（各个城市英文拼写的首字母），但是他意识到经过的总路程为 6 580 公里，从里程数来讲，代价是非常高的。还有更好的路线吗？

| 阿尔伯克基 | | | | |
|---|---|---|---|---|
| 1 413 | 俾斯麦 | | | |
| 1 820 | 1 130 | 芝加哥 | | |
| 928 | 1 632 | 1 256 | 达拉斯 | |
| 378 | 160 | 2 010 | 942 | 埃尔帕索 |

对于制定这样一个销售区域的旅行计划，我们需要记得，詹姆士的职责并不是要作出一个详尽周密的旅行计划——他的职责是前往那里推销产品。通过察看他在俾斯麦办公室里的一张地图，他发现离他最近的城市是芝加哥。俾斯麦到芝加哥的路程为 1 130 公里，相比之下，到阿尔伯克基的

## 大事年表

| 约公元 1810 年 | 1831 年 | 1926 年 |
|---|---|---|
| 查尔斯·巴贝奇以一种非常有趣的方式提到了该问题 | 旅行推销员问题作为一个实际问题被提出 | 波罗夫卡提出了贪婪算法 |

路程为 1 413 公里，到达拉斯的路程为 1 632 公里，而到埃尔帕索的路程为 1 760 公里。他还没有制定出一个完整的计划，便起身去往芝加哥。当他到达芝加哥并完成了那里的工作事务之后，他继续选择离它最近的城市作为下一个目的地。这次他选择的是达拉斯，因为达拉斯和芝加哥之间的距离为 1 256 公里，比其他两个城市更要更近一些。

到达达拉斯之后，他经过的总路程为 1 130 + 1 256 公里。他接下来要在阿尔伯克基和埃尔帕索之间进行选择。因为阿尔伯克基更近一些，它也便成为了詹姆士的下一个目的地。在阿尔伯克基之后，他必须前往最后一个城市埃尔帕索，而当所有的城市都去了一遍之后，他的工作也便完成了，此时他便可以回到俾斯麦。他所经历的总路程为 1 130 + 1 256 + 928 + 378 + 1 760 = 5 452 公里。这个路线 BCDAEB 要比之前的路线短很多，他也因此为碳排放的减少作出了一份贡献。

这种思考的方式通常称为寻找最短路径的贪婪算法。这是因为詹姆士的决策总是局部的决策——他在某个城市的时候总是寻找离他最近的城市作为下一个目的地。通过这种方法，他永远都不需要考虑下一站之外的路线。这种方法并不是战略最优的，因为它并没有考虑总体最优的路径。事实上，当他完成了埃尔帕索的工作之后，他需要经历一个很远的路程回到俾斯麦。因此，他找到了一个更短的路径，但是这个路径是最短的吗？这个问题激起了詹姆士的兴趣。

詹姆士发现，旅行只涉及 5 个城市，他可以好好利用这个便利。因为城市很少，所以他完全可以列出所有可能的路径，然后选出其中最短的一条。5 个城市总共可以有 24 条不同的路径，而他只需要检查其中的 12 条

| 阿尔伯克基 | | | | |
|---|---|---|---|---|
| 12（陆路） | 俾斯麦 | | | |
| 6（乘飞机） | 2（乘飞机） | 芝加哥 | | |
| 2（乘飞机） | 4（乘飞机） | 3（乘飞机） | 达拉斯 | |
| 4（陆路） | 3（乘飞机） | 5（乘飞机） | 1（乘飞机） | 埃尔帕索 |

**1954 年**

丹齐克和迪杰斯特拉提出了解决旅行推销员问题的方法

**1971 年**

库克在算法中将 P 和 NP 的概念形式化

**2004 年**

大卫·阿普尔盖特在瑞典解决了总共 24 978 个城市的问题

就可以了，因为每一条途径和它的相反路径是等长的。这种方法解决了詹姆士的困惑，他发现最短的路径是 BAEDCB（或是它的相反路径 BCDEAB），它的总路程仅为 5 118 公里。

回到俾斯麦后，詹姆士意识到这个旅程花费的时间还是太长了。他想要节省的并不是距离，而是时间。他画出了一条新的表格，标出了这些城市间的旅行时间。

当问题的焦点是路程的时候，詹姆士知道三角形两边之和必然大于第三边；这种情况下的图被称为欧氏图，而且关于它们的解决方法已经知道很多了。但是，当关注的焦点是时间时，情况就有所不同了。由于主干航线飞机常常比支线飞机飞得更快，所以詹姆士·库克注意到，相较于从埃尔帕索直飞芝加哥，在达拉斯转机一下更省时间。前面的三角不等式在这里就不适用了。

将贪婪算法用到时间问题中，可以得到路径 BCDEAB 所需的总时间为 22 小时，同时，有两条不同的最优路径 BCADEB 和 BCDAEB，它们的总时间都为 14 小时。对这两条路径来说，第一条的路程为 6 580 公里，第二条的路程为 5 451 公里。詹姆士非常高兴，通过选择 BCDAEB，他可以节省的时间最多。而他的下一个目标是找到开销最少的路径。

**从几秒钟到几个世纪** 当涉及城市的数量变得很多时，旅行推销员问题就变得非常困难了。由于詹姆士·库克的工作业绩突出，因此他很快就被提升成为销售主管。现在，从俾斯麦出发，他需要前往 13 个城市，而不是之前的 4 个。他现在已经不喜欢使用贪婪算法，而是喜欢列出所有可能的路径。他开始列出这 13 个城市之间的所有可能路径。但是他很快便发现他要检查的路径总共有 $3.1 \times 10^9$ 条。换个角度说，如果一台计算机需要 1 秒钟来打印 1 条路径，那么总共需要几个世纪的时间才能把所有的路径都打印出来。对于 100 个城市的问题，则需要计算机计算数千年才能完成。

有一些较复杂的方法被用于处理旅行推销员问题。已经有一些精确的方法可以处理 5 000 个或更少的城市的问题，有人甚至成功地解决了 33 810 个城市的问题，尽管这种情况所需要的计算机应该具有相当巨大的威力。还有一些非精确的方法可以给出一些路径，它们有一定的概率成为最优路径。这种方法的优点是能够处理上百万个城市的问题。

**计算复杂度** 从计算机的角度来看这些问题，我们仅仅需要考虑它们需要多长时间才能找到一个解。只是简单地列出所有可能的路径是一个最差的方案。詹姆士已经发现这个仅靠蛮力的方法需要将近一个世纪的时间来解决 13 个城市的问题。如果我们再增加

2 个城市,那么所需要的时间将超过 20 000 年。

　　当然,这些评估取决于实际使用的计算机。但是,对于 $n$ 个城市来说,所需要的时间以 $n$ 的阶乘(将从 1 到 $n$ 的所有整数相乘得到的数)的形式增长。对于 13 个城市,我们需要计算 $3.1 \times 10^9$ 条路径。决定每条路径是否是最短路径是一个阶乘时间问题——它需要相当长的时间。

　　还有其他一些处理该问题的方法,它们处理 $n$ 个城市的时间以 $2^n$($n$ 个 2 相乘)的形式增长,因此对于 13 个城市来说,总共涉及 8 192 次决策(比 10 个城市多 8 倍)。具有该复杂度的方法称为指数时间算法。这类"最优组合问题"的圣杯是寻找一个不取决于 2 的 $n$ 次幂,而是 $n$ 的固定次幂的算法。指数越小越好。例如,如果一个算法的复杂度为 $n^2$,那么对于 13 个城市来说,总共需要 169 次决策——比 10 个城市的情况只多了不到 1 倍。具有该"复杂度"的方法被称做是多项式时间算法——可以用这种方法解决的问题是"快速问题",仅仅需要 3 分钟,而不是几个世纪。

　　可以由计算机在多项式时间内解决的问题的集合记为 P。我们不知道旅行推销员问题是否是其中的一个。还没有人能给出一个多项式时间算法,但是也没有人能证明该算法不存在。

　　NP 表示一个更大的集合,它们的解可以在多项式时间内被验证。旅行推销员问题必然是这其中的一个,因为检验一个给定路径的总路程是否小于一个给定的数值可以在多项式时间内完成。你仅仅需要将给定路径的总路程加起来,然后将它和给定的数值比较就可以了。找到和验证是两种不同的操作。例如,验证 167×241=40 247 是很容易的,但是找到 40 247 的因子是一个截然不同的问题。

　　是否所有可以在多项式时间内验证的问题都可以在多项式时间内解决呢?如果这个命题成立的话,那么集合 P 和 NP 将是完全等同的,我们可以写作 P = NP。P = NP 是否成立对于计算机科学家来说是一个亟待解决的问题。大多数的专家认为这是不成立的:他们相信有一些问题可以在多项式时间内验证,但是却不能在多项式时间内解决。这是一个如此重要的问题,以至于凯莱数学学院悬赏 1 000 000 美金奖励给那些可以证明 P = NP 或 P ≠ NP 的人。

# 找到最优路径

# **47** 博弈论

　　有人说约翰是在世的最聪明的人。约翰·冯·诺依曼曾经是一个少年天才，后来成为了数学界中的一个传奇。当人们听说他在前去参会的出租车中写出了博弈论中的"极大—极小值定理"时，他们只是点点头。这绝对是约翰·冯·诺依曼常做的那类事。他对量子力学、逻辑学、代数都作出了贡献，难道博弈论会逃过他的眼睛？确实没有——他和奥斯卡·摩根斯特恩合著了颇具影响力的《博弈论与经济行为》一书。从广义上来讲，博弈论是一门古老的学科，但是冯·诺依曼是将"两人零和博弈"理论深化的关键。

　　**两人零和博弈**　这听起来很复杂，其实两人零和博弈简单来讲就是两个人、公司或者团队一起参与一个比赛，其中一方胜出另一方失败。如果 A 赢得 200 英镑，那么 B 就输掉 200 英镑；这就是零和的意思。双方不存在任何的合作——这是赢家和输家之间纯粹的竞争。如果用"双赢"的语言表述，则 A 赢得了 200 英镑，而 B 赢得了 –200 英镑，总和是 200 + (–200) = 0。这就是"零和"一词的来源。

　　让我们设想有两个电视公司 ATV 和 BTV，他们正在为在苏格兰或者英格兰运营一个额外新闻服务进行竞价。每个公司只能投标一个地区，他们根据预期增加的观众数来作决定。媒体分析师已经估计出了增加的观众数，两个公司都可以参考他们的研究结果。这些可以很方便地表示在一个"收益表"里，单位为百万观众。

## 大事年表

| 公元 1713 年 | 1944 年 |
| --- | --- |
| 瓦德格拉夫（Waldegrave）给出了 2 人博弈问题的第一个数学解 | 冯·诺依曼和摩根斯特恩发表了 *Theory of Games and Economic Behavior*（《博弈论与经济行为》） |

|     |       | BTV     |       |
|-----|-------|---------|-------|
|     |       | 苏格兰   | 英格兰 |
| ATV | 苏格兰 | +5      | −3    |
|     | 英格兰 | +2      | +4    |

如果 ATV 和 BTV 都决定在苏格兰运营，那么 ATV 会赢得 500 万观众，而 BTV 则会失去 500 万观众。表格中的负号，比如收益表里的 −3，表示 ATV 会失去 300 万观众。表格中的 + 号对 ATV 有益，而 − 号对 BTV 有益。

假设这两个公司基于收益表作出了一次性的决定，并且同时密封投标。很显然，两个公司都会根据自身的最大利益做出选择。

如果 ATV 选择苏格兰，可能发生的最糟情况是失去 300 万观众；如果它投标英格兰，最糟情况是赢得 200 万观众。对 ATV 来说，显然，最好的选择是英格兰（第二行）。不管 BTV 如何选择，都不会比赢得 200 万观众更糟了。从数值上看，ATV 计算出了 −3 和 2（每行的最小值），然后选择了其中最大值所对应的行。

BTV 处于弱势的位置，但是它依然可以找出一个策略使得潜在损失最小化，并且期待下一年有个更好的收益表。如果 BTV 选择苏格兰（第一列），最糟的情况是失去 500 万观众；而如果它选择英格兰，最糟情况是失去 400 万观众。对 BTV 来说最安全的策略是选择英格兰（第 2 列），因为损失 400 万观众总比损失 500 万观众好。不管 ATV 如何决定，结果都不会比损失 400 万观众更糟。

以上对每个参与者来说都是最安全的策略，如果选择了这些策略，ATV 将赢得 400 万额外的观众，而 BTV 则会失去他们。

## 美丽心灵

约翰·纳什（1928 年出生）的坎坷一生在 2001 年被拍成了电影《美丽心灵》。由于在博弈论方面的贡献，纳什在 1994 年获得了诺贝尔经济学奖。

纳什和其他人将博弈论扩展到博弈人数大于 2 以及博弈者之间建立合作（包括联合起来打压第三方）的情况。比起冯·诺依曼的理论，"纳什均衡"（类似于鞍点均衡）提供了一个更加广阔的视野，让我们能够更加深刻地理解经济情况。

| 1950 年 | 1982 年 | 1994 年 |
|---------|---------|---------|
| 塔克提出了囚徒困境，纳什提出了纳什均衡 | 梅纳德·史密斯（Maynard Smith）发表了 *Evolution and the Theory of Games*（《演化与博弈论》） | 纳什由于在博弈论方面的贡献获得了诺贝尔经济学奖 |

**博弈何时被确定** 第二年，这两个公司多了一个选择——在威尔士运营。因为情况变了，所以会有一个新的收益表。

|  | BTV | | | 行最小值 |
|---|---|---|---|---|
|  | 威尔士 | 苏格兰 | 英格兰 |  |
| 威尔士 | +3 | +2 | +1 | +1 |
| 苏格兰 | +4 | −1 | 0 | −1 |
| 英格兰 | −3 | +5 | −2 | −3 |
| 列最大值 | +4 | +5 | +1 | |

（左侧标注 ATV）

跟之前一样，对 ATV 而言最保险的策略是选择所有最糟情况中最大值所对应的行。根据 {+1, −1, −3} 中的最大值，ATV 会选择威尔士（第 1 行）。而对 BTV 来说，最保险的策略是选择 {+4, +5, +1} 中最小值所对应的列，即英格兰（第 3 列）。

对于 ATV，如果选择威尔士，不论 BTV 如何选择，他们都可以确保赢得不少于 100 万的观众。而对于 BTV，如果选择英格兰，也可以确保不论 ATV 如何选择，损失都不多于 100 万观众。因此，以上选择对于每个公司都是最佳策略，从这个意义上讲，博弈最终被确定了下来（但是这对 BTV 仍然不公平）。在这个博弈中

$$\{+1, −1, −3\} \text{ 的最大值} = \{+4, +5, +1\} \text{ 的最小值}$$

而且等式的两边有一个相同值 1。和第一个博弈不同，这次博弈中有一个 +1 鞍点均衡。

**重复博弈** 一个标志性的重复博弈是传统的"布，剪刀，石头"游戏。和一次性投标的电视公司不同，在这场博弈中，每年的世界锦标赛上，竞争对手通常要重复博弈五六次，甚至几百次。

|  | 布 | 剪刀 | 石头 | 行最小值 |
|---|---|---|---|---|
| 布 | 平局 = 0 | 输 = −1 | 赢 = +1 | −1 |
| 剪刀 | 赢 = +1 | 平局 = 0 | 输 = −1 | −1 |
| 石头 | 输 = −1 | 赢 = +1 | 平局 = 0 | −1 |
| 列最大值 | +1 | +1 | +1 | |

在"布，剪刀，石头"游戏中，两个比赛者每次出示一只手、两个手指或者一个拳头，分别代表布、剪刀或者石头。他们同时出示，基于三种情况计数：

布和布平手，布被剪刀击败（因为剪刀可以剪布），但是布可以击败石头

（因为它可以裹住石头）。如果出"布"，收益就是 0，−1，+1，即我们收益表中的第一行。

这个游戏中没有鞍点，而且没有明显的策略可以采用。如果某个比赛者总是选择同一个动作，比如布，对方很容易就会发现只需选择剪刀就可以每次都获胜。根据冯·诺依曼的"极大-极小定理"，应该有一个"混合策略"，即以某种概率选择不同动作。

根据数学原理，比赛者应当随机地选择，但是总体来看，布、剪刀、石头应该各占三分之一。但是，盲目的随意选择可能并不总是最好的办法，就像世界冠军都会根据"心理"的变化来选择他们的策略。他们非常善于对对手进行二次猜测。

**什么时候博弈不是零和的** 并不是所有的博弈都是零和的——有时每个参赛者会有各自单独的收益表。一个著名的例子是艾伯特·塔克设计的"囚徒困境"。

安德鲁和伯蒂两个人，由于有高速路上抢劫的嫌疑而被警察逮捕，分别关在单独的房间中，以防止他们互相交流。这种情况下，他们被判的刑期不仅取决于各自对警方审讯的回答，也取决于他们的共同反应。如果 $A$ 招供而 $B$ 不招供，那么 $A$ 仅被判 1 年刑（从 $A$ 的收益表看）而 $B$ 会被判 10 年刑（从 $B$ 的收益表看）。如果 $A$ 不招供而 $B$ 招供，那么刑期刚好相反。如果两人都招供，那么刑期都为 4 年，但是如果两人都拒不招供，并且坚称自己是清白的，他们就可以逍遥法外！

| $A$ | | $B$ | |
|---|---|---|---|
| | | 招供 | 不招供 |
| $A$ | 招供 | +4 | +1 |
| | 不招供 | +10 | 0 |

| $B$ | | $B$ | |
|---|---|---|---|
| | | 招供 | 不招供 |
| $A$ | 招供 | +4 | +10 |
| | 不招供 | +1 | 0 |

如果囚徒们可以合作，他们会选择最优的方法——不招供——这将是一个双赢的情形。

双赢数学

# 48 相对论

当一个物体运动的时候，它的速度是相对于其他物体而言的。如果我们在一条主路上以每小时 112 公里的速度行驶，而旁边的另一辆车也是以每小时 112 公里的速度朝着相同的方向行驶，那么我们相对于这辆车的速度为 0。但是相对于地面来说，我们的速度都是每小时 112 公里。而相对于另一辆以每小时 112 公里的速度朝着相反方向行驶的汽车，我们的速度则为每小时 224 公里。相对论完全颠覆了这种思考的方式。

相对论最初是由德国物理学家洛伦兹在 19 世纪末期发起的，但是其实质性的进展是由爱因斯坦在 1905 年取得的。爱因斯坦关于狭义相对论的著名论文颠覆了以往关于物体运动的研究，而曾经取得了辉煌成就的牛顿经典力学，仅仅是相对论的一种特殊情况。

**回溯到伽利略** 在介绍相对论之前，我们首先了解一下它的主人：爱因斯坦喜欢谈论火车，并且设想一些相关的试验。在我们的例子里，吉姆乘坐在一列速度为 96 公里 / 小时的火车上。他从列车末尾的座位起身，以 3.2 公里 / 小时的速度朝着餐车走去。相对于地面来说，他的速度为 99.2 公里 / 小时。当他从餐车出来往回走时，速度变成了 92.8 公里 / 小时，这是因为他的行进方向和列车相反。以上是牛顿力学告诉我们的。速度是一个相对概念，吉姆的行进方向决定了你是应该做加法还是做减法。

由于所有的运动都是相对的，因此我们会使用一个"参照系"来衡量某个具体的运动。在列车沿着直线轨道行进的一维例子里，我们可以设想将某个车站作为固定的参照系，该参照系中有一个位移坐标 $x$ 和一个时间坐标 $t$。该参照系的零位移点定义为站台上的一个标记，而零时刻定义为站

## 大事年表

| 约公元 1632 年 | 1676 年 | 1687 年 |
|---|---|---|
| 伽利略给出了下落物体的"伽利略变换" | 罗默通过观察木星卫星的运动计算出了光速 | 牛顿的 *Principia*（《基本原理》）描述了经典运动法则 |

台时钟上的时刻。相对于该参照系的位移/时间坐标为 $(x, t)$。

在列车上同样也有一个参照系。如果我们测量的是相对于列车末尾的距离和吉姆腕表上的时刻，那么这里将会是另一个坐标 $(\bar{x}, \bar{t})$。将这两个坐标同步是可能的。当列车恰好驶过站台上的标记的时候，$x=0$，并且站台时钟的 $t=0$。如果此时吉姆将该点的 $\bar{x}$ 设为 0，并且将腕表的时间调为 $\bar{t}=0$，那么现在这两个坐标便关联在一起。

当列车恰好驶过站台的时刻，吉姆起身前往餐车。我们可以计算出 5 分钟后他和站台之间的距离。我们知道列车每分钟行驶 1.6 公里，因此在这段时间内总共行驶了 8 公里，而吉姆总共走了 $\bar{x} = 16/60$（速度 3.2 公里/小时乘以时间 $\frac{5}{60}$ 小时）公里的路程。因此，吉姆相对于站台的总位移是 $8\frac{16}{60}$ 公里。我们也得出了 $x$ 和 $\bar{x}$ 之间的关系为 $x = \bar{x} + v \times t$（这里 $v = 96$）。将等式左右两边进行移项，可以得到吉姆相对于列车参照系的位移为

$$\bar{x} = x - v \times t$$

在牛顿经典力学理论中，时间的概念是一个由过去指向未来的一维的流程。它对于万物都是一致的，且并不依赖于空间。由于它是一个绝对的量，因此吉姆在列车上的时刻和站台管理员在车站的时刻是一致的，即

$$\bar{t} = t$$

这两个关于 $\bar{x}$ 和 $\bar{t}$ 的公式是由伽利略首次得到的，它们被称为转换式，将物理量从一个参照系转换到另一个参照系。根据牛顿经典力学理论，光的速度应当遵循这两个公式中的 $\bar{x}$ 和 $\bar{t}$ 的关系。

直到 17 世纪，人们意识到光是有速度的，而 1676 年，丹麦天文学家罗默（Ole Romer）测量出了光速的近似值。1881 年，迈克耳孙对光速进行了更加精准的测量，他所测出的光速为 298 080 公里/秒。不仅如此，他还意识到光的传播和声音的传播是有很大区别的。迈克耳孙发现，不同于行进列车上的观察员的速度，光的传播方向根本不会影响到它的速度。这个

| 1881 年 | 1887 年 | 1905 年 | 1915 年 |
|---|---|---|---|
| 迈克耳孙非常准确地测量了光速 | 洛伦兹变换被第一次写出来 | 爱因斯坦发表了 *On the electrodynamics of moving bodies*（《关于运动物体的电气力学》），该论文描述了狭义相对论 | 爱因斯坦发表了 *The field equations for gravitation*（《地心引力的场方程》），其中描述了广义相对论 |

$$\alpha = \frac{1}{\sqrt{1 - \frac{v^2}{c^2}}}$$

洛伦兹因子

悖论需要得到解释。

**狭义相对论** 洛伦兹建立了一套数学等式，用于描述当参照系之间的相对速度为恒定值 $v$ 时，位移和时间之间的关系。这些变换等式非常类似于我们先前推导出的式子，不同的是，它们包含一个由 $v$ 和光速 $c$ 决定的（洛伦兹）因子。

**爱因斯坦** 爱因斯坦对于迈克尔孙这一发现的处理方式是将其当作一个假设

光速对于所有的观察者都是一样的，并且与它的传播方向无关。

如果吉姆在列车驶过站台的时候用手电筒射出一束光，其射出的方向与列车行驶的方向相同，他可以测量出光速为 $c$。爱因斯坦的假设告诉我们，站台上的站长所测量出的光速也是 $c$，而不是 $c + 96$ 公里 / 小时。爱因斯坦还使用了另一个假设

一个参照系相对于另一个参照系运动的速度是恒定不变的。

爱因斯坦 1905 年论文的一个亮点是他所使用的方法体现出的数学上的优雅。声波是通过介质分子的振动传播的。其他的物理学家也曾猜测光的传播需要某种介质，只是没有人知道它是什么，不过他们给它起了一个名字——光以太。

爱因斯坦觉得没必要假设这种光以太作为传播光的介质的存在性。他从那两条简单的假设出发，推导出了相应的洛伦兹变换式，他的整个理论也从此展开。特别是，他证明了一个粒子的能量 $E$ 是由公式 $E = \alpha \times mc^2$ 决定的。对于一个静止的物体（$v = 0$，因此 $\alpha = 1$），可以得到一个非常重要的等式，该等式表明了质量和能量的等同性

$$E = mc^2$$

洛伦兹和爱因斯坦在 1912 年同时被推荐为诺贝尔奖候选人。洛伦兹在 1902 年已经获得过一次诺贝尔奖，而爱因斯坦直到 1921 年才由于发现了光电效应（已经发表于 1905 年）而获得诺贝尔奖。对于这位瑞士专利局职员来说，这可是一段不短的时间。

　　**爱因斯坦 vs 牛顿**　在行驶缓慢的列车上进行观察，爱因斯坦相对论和牛顿经典力学之间只有很微小的差别。在这些情况中，相对速度 $v$ 相对于光速来说是微乎其微的，因此洛伦兹因子 $\alpha$ 非常接近于 1。在这种情况下，洛伦兹等式实质上等同于经典的伽利略变换等式。因此，在低速情况下，爱因斯坦和牛顿彼此的理论是一致的。要想察觉出这两种理论之间的明显差别，速度和位移需要相当地大。即使是破纪录的法国 TGV 高速列车，也远没有达到该速度要求，因此，对于高速列车，还要经历很长的时间，我们才会摒弃牛顿理论转而投奔爱因斯坦相对论。而空间旅行将迫使我们采纳爱因斯坦的理论。

　　**广义相对论**　爱因斯坦在 1915 年发表了他的广义相对论，这个理论适用于参照系之间的相对运动是加速运动的情况，而且它将加速度和重力的影响联系在了一起。

　　利用广义相对论，爱因斯坦可以预测光束在大型物体（如太阳）重力场的影响下发生偏斜的情况。他的理论同时也解释了水星自转轴的运动。这种运动并不能完全用牛顿万有引力定律和其他行星对水星的作用力来解释。这是一个从 19 世纪 40 年代开始就困扰天文学家们的一个问题。

　　在广义相对论中，最适合的参照系是四维时空。欧氏空间是平坦的（曲率为 0），而爱因斯坦的四维时空几何（或黎曼几何）是弯曲的。它可以取代牛顿万有引力定律解释物体之间为什么会相互吸引。根据爱因斯坦的广义相对论，是由于时空的弯曲导致了这种吸引。1915 年，爱因斯坦引发了另一场科学革命。

# 光速是绝对的

# 49 费马大定理

我们可以将两个平方数相加得到第 3 个平方数，例如 $5^2 + 12^2 = 13^2$。但是，我们是否可以将两个立方数相加得到另一个立方数？对于更高的指数呢？结论是我们做不到。费马大定理告诉我们，对于任意 4 个整数，$x$、$y$、$z$ 以及 $n$，当 $n$ 大于 2 时，方程 $x^n + y^n = z^n$ 没有整数解。费马声称他已经找到了一个"精彩的证明"，它一直吸引着其后一代代的数学家们，这其中还包括一位 10 岁的孩童，某一天他在当地的图书室中读到了他的寻宝过程。

费马大定理是关于丢番图方程的定理，而丢番图方程是一类最具挑战性的方程。这些方程要求它们的解必须是整数。它们根据古希腊亚历山大港的数学家丢番图的名字而命名的。丢番图的《算术》是数论的一个里程碑。费马是 17 世纪法国图卢兹的一名律师和政府官员。作为一名多才多艺的数学家，他在数论方面享有极高的声誉，而他对数学的最后一项贡献——费马大定理，更是被世人所熟知。费马证明了该定理，或者说，他认为他证明了该定理，他在一本丢番图《算术》的副本中写道："我已经发现了一个非常精彩的证明，但是，空白处太小了，以至于根本写不下这个证明过程。"

费马解决了很多非常重要的问题，但是似乎费马大定理并不是其中的一个。这个定理花掉了大批数学家们 300 多年的时间，而直到最近才被证明。它的证明过程无法写在任何的页面空白上，而其中涉及的现代技术向费马的声明提出了巨大的质疑。

## 大事年表

| 公元 1665 年 | 1753 年 | 1825 年 | 1839 年 |
| --- | --- | --- | --- |
| 费马去世，却没有留下他"伟大证明"的笔记 | 欧拉证明了 $n=3$ 的情况 | 勒让德和狄利克雷独立地证明了 $n=5$ 的情况 | 拉姆证明了 $n=7$ 的情况 |

**方程 $x + y = z$** 我们如何求解这个包含三个变量 $x$, $y$, $z$ 的方程？通常，我们的方程中只有 1 个变量，但是现在有 3 个。事实上，这使得方程 $x + y = z$ 的求解非常容易。我们可以随意选取变量 $x$ 和 $y$ 的值，然后将它们加起来得到 $z$，这 3 个数值便给出了一个解。嗯，就是这么简单。

例如，我们可以选择 $x=3$，$y=7$，因此，$x=3$，$y=7$，$z=10$ 便是该方程的一个解。同样，我们也发现某些 $x, y, z$ 的值并非该方程的解。如 $x=3$，$y=7$，$z=9$ 就不是该方程的一个解，因为方程左边的 $x+y$ 不等于方程右边的 $z$。

**方程 $x^2 + y^2 = z^2$** 我们现在将考虑平方的情况。一个数的平方是将这个数和自身相乘，记为 $x^2$。如果 $x = 3$，那么 $x^2 = 3 \times 3 = 9$。现在我们要考虑的方程不是 $x + y = z$，而是

$$x^2 + y^2 = z^2$$

我们可以像之前一样求解这个方程吗？即选择 $x$ 和 $y$ 的值，然后计算出 $z$ 的值。例如，我们可以选择 $x=3$，$y=7$，这时，方程的左边等于 $3^2 + 7^2 = 9 + 49 = 58$。那么，$z$ 应当等于 58 的平方根（$z = \sqrt{58}$），约等于 7.615 8。我们当然可以宣称 $x=3$，$y=7$，$z = \sqrt{58}$ 是方程 $x^2 + y^2 = z^2$ 的一个解，但是不幸的是，丢番图方程关心的仅仅是整数解。由于 $\sqrt{58}$ 并不是整数，因此 $x=3$，$y=7$，$z = \sqrt{58}$ 并不是方程的解。

方程 $x^2 + y^2 = z^2$ 和三角形有一定的联系。如果 $x$, $y$, $z$ 分别表示一个直角三角形的三条边，那么它们将满足该方程。反过来说，如果 $x$, $y$, $z$ 是该方程的解，那么边 $x$ 和边 $y$ 之间的夹角为直角。由于和勾股定理之间的联系，$x$, $y$, $z$ 的解也称为勾股数。

如何寻找勾股数？这也是那些土著的建筑工匠们所要解决的问题。一些建筑工匠所使用的设备是到处可见的 3-4-5 三角形。$x = 3$，$y = 4$，$z = 5$

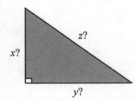

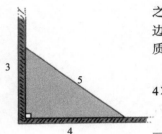

之所以正是我们所寻找的解，是因为 $3^2 + 4^2 = 9 + 16 = 5^2$。反过来说，一个边长为 3，4，5 的三角形必定是直角三角形。建筑工匠们使用这条数学性质来保证他们建起的墙和地面成直角。

在这个例子中，我们可以将一个 $3 \times 3$ 的正方形拆开，然后围在另一个 $4 \times 4$ 正方形的外部，从而形成一个 $5 \times 5$ 的正方形。

方程 $x^2 + y^2 = z^2$ 还有其他的整数解。例如，$x = 5$，$y = 12$，$z = 13$ 是另一个解，因为 $5^2 + 12^2 = 13^2$。事实上，该方程有无数个解。建筑工匠的解 $x = 3$，$y = 4$，$z = 5$ 之所以获得了最多的关注，是因为它们是最小的解，而且是唯一由连续整数构成的解。有很多的解包含两个连续的整数，如 $x = 20$，$y = 21$，$z = 29$，以及 $x = 9$，$y = 40$，$z = 41$，但是，我们找不出第二个由 3 个连续整数构成的解。

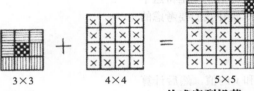

$3 \times 3$     $4 \times 4$     $5 \times 5$

**从盛宴到饥荒**   从 $x^2 + y^2 = z^2$ 到 $x^3 + y^3 = z^3$ 只迈出了一小步。继承将一个正方形重组在另一个正方形外部从而形成第三个正方形的思想，我们是否可以用同样的方式处理立方体？我们是否可以将一个立方体重组在另一个立方体外部，从而构成第三个立方体？可以证明这是做不到的。方程 $x^2 + y^2 = z^2$ 拥有无穷多个不同的解，但是费马却找不到方程 $x^3 + y^3 = z^3$ 的一个整数解。更糟糕的是，欧拉的一无所获使得费马提出了费马大定理，其内容如下

当 $n$ 大于 2 时，方程 $x^n + y^n = z^n$ 没有整数解。

一种证明该命题的方式是从较小的 $n$ 开始，这也是费马所采用的方式。$n = 4$ 的情况实际上要比 $n = 3$ 更简单一些，似乎费马也得出了该情况下的一个证明。在 18 世纪和 19 世纪，欧拉完成了 $n = 3$ 的证明，阿德里安·马里·勒让德（Adrien-Marie Legendre）完成了 $n = 5$ 的证明，而加布里埃尔·拉姆（Gabriel Lamé）完成了 $n = 7$ 的证明，拉姆开始认为他得到了这个一般性定理的解，但是不幸的是，他犯了个错误。

厄恩斯特·库默尔是一个主要的贡献者，他在 1843 年递交了一个手稿，声称他已经证明了这个一般性定理，但是狄利克雷指出了他论证过程中的一个疏漏。法国科学院悬赏 3 000 法郎寻求一个可靠的证明，这笔奖

金最终奖给了库默尔，以表彰他富有价值的尝试。库默尔证明了该定理在 $n$ 为小于等于 100 的质数（以及其他一些数）时的情况，但是他没有证明 $n$ 等于 37、59、67 这 3 个不规则质数时的情况。例如，他不能证明方程 $x^{67} + y^{67} = z^{67}$ 没有整数解。虽然他没有能证明该定理，但是却为抽象代数开拓出一些非常有价值的技术。对于数学来说，这可能比解决这个问题的贡献更大。

证明了化圆为方是不能做到的林德曼（见第 5 章）在 1907 年声称已经将该定理证明，但是人们很快发现了他证明中的错误。1908 年，沃尔夫斯科尔在遗嘱中悬赏 100 000 马克，奖给第一个将该定理证明的人，有效时间为 100 年。这 100 年间，总共有 5 000 个左右的证明被提出，检验，但是最终都归于失败。

**证明** 尽管该定理和勾股定理只在 $n = 2$ 的时候有联系，但是，和几何的联系最终成为证明的关键。该定理的证明离不开曲线理论以及两个日本数学家谷山丰和志村五郎提出的猜想。1993 年，怀尔斯在剑桥大学作了一个演讲，其中包括他对费马大定理的证明。不幸的是，这个证明仍然是错误的。

一个名字与之类似的法国数学家安德烈·韦依放弃了这些尝试。他将证明该定理比作攀登珠穆朗玛峰，并且宣称，如果一个人还差 100 码登顶，那么他还是没有登上珠峰。怀尔斯并没有放弃，他断绝了和外部的联系，继续研究这个问题。很多人认为他也是接近峰顶的那些人中的其中一个。

但是，通过同事的帮助，怀尔斯纠正了那个错误，重新提出了一个正确的证明。这次，专家们对他的证明完全信服了。他的证明发表于 1995 年，而且，他声称沃尔夫斯科尔奖仍在有效期内，他也因此成为数学界的名人。那个多年前在剑桥公共图书馆中阅读该问题的 10 岁孩童如今已经取得了非凡的成就。

# 证明一个边界点

# 50 黎曼猜想

**黎曼猜想是纯数学中一个最艰巨的挑战。庞加莱猜想和费马大定理都已经被攻克，但是对于黎曼猜想，人们还在苦苦探寻着解决之道。不管以什么方式，一旦该猜想被确定，关于质数分布的很多非常困难的问题都可以迎刃而解，而一系列的新问题又会被提出来，让数学家们继续思索下去。**

故事开始于下面这种形式的分数相加

$$1 + \frac{1}{2} + \frac{1}{3}$$

结果是 —（约等于 1.83）。但是，如果我们在式子中继续添加越来越小的分数，结果将会怎样？例如，将相加项增加到 10 个

$$1 + \frac{1}{2} + \frac{1}{3} + \frac{1}{4} + \frac{1}{5} + \frac{1}{6} + \frac{1}{7} + \frac{1}{8} + \frac{1}{9} + \frac{1}{10}$$

通过一个手持计算器，可以算出这些分数相加的结果约等于 2.9。左表给出了当相加项越来越多时的情况。

| 项数 | 总和（约数） |
|---|---|
| 1 | 1 |
| 10 | 2.9 |
| 100 | 5.2 |
| 1 000 | 7.5 |
| 10 000 | 9.8 |
| 100 000 | 12.1 |
| 1 000 000 | 14.4 |
| 1 000 000 000 | 21.3 |

序列

$$1 + \frac{1}{2} + \frac{1}{3} + \frac{1}{4} + \frac{1}{5} + \frac{1}{6} + \cdots$$

称为调和级数。"调和"一词来源于毕达哥斯学派，他们认为将一根乐弦分为 2 等分、3 等分、4 等分，可以弹奏出非常"调和"的音符。

## 大事年表

| 公元 1854 年 | 1859 年 | 1896 年 |
|---|---|---|
| 黎曼开始研究 zeta 方程 | 黎曼证明了该方程的所有零点都处于一个临界带中，进一步完善了他的猜想 | 德拉瓦莱 – 普桑和阿达马证明所有重要的零点都处在临界带的内部 |

在调和序列中，相加的分数变得越来越小，但是对于总和会有什么影响？它将会一直增长下去，超过所有的数，还是在某个地方存在一个它永远无法逾越的极限？要回答这个问题，有一个小的技巧，那就是将相加项组合起来，并且组合的项的个数依次翻倍。例如，如果我们将前 8 项相加（$8 = 2 \times 2 \times 2 = 2^3$）

$$S_{2^3} = 1 + \frac{1}{2} + \left(\frac{1}{3} + \frac{1}{4}\right) + \left(\frac{1}{5} + \frac{1}{6} + \frac{1}{7} + \frac{1}{8}\right)$$

$S$ 代表总和，由于 1/3 大于 1/4，而 1/5 大于 1/8（以此类推），因此，上式的结果大于

$$1 + \frac{1}{2} + \left(\frac{1}{4} + \frac{1}{4}\right) + \left(\frac{1}{8} + \frac{1}{8} + \frac{1}{8} + \frac{1}{8}\right) = 1 + \frac{1}{2} + \frac{1}{2} + \frac{1}{2}$$

即

$$S_{2^3} > 1 + \frac{3}{2} \text{。}$$

更加一般地，可以得到

$$S_{2^k} > 1 + \frac{k}{2}$$

如果取 $k = 20$，则 $n = 2^{20} = 1\,048\,576$（大于 100 万），而该序列的和刚刚超过 11。它的增长速度慢得让人难以忍受——但是，对于任意一个给定的数字，不管多大，都可以选择一个 $k$，使得序列总和大于这个数。相比而言，下面这个序列则不具有这个性质

$$1 + \frac{1}{2^2} + \frac{1}{3^2} + \frac{1}{4^2} + \frac{1}{5^2} + \frac{1}{6^2} + \cdots$$

我们使用的是一个相同的运算过程：相加项越来越小，但是这次最终的结果将会收敛到一个极限，并且这个极限值小于 2。颇具戏剧性的是，这个序列将收敛于 $\pi^2/6 = 1.644\,93\cdots$

在这个序列中，每一项的指数都为 2。在调和序列中，分母的指数实

| 1900 年 | 1914 年 | 2004 年 |
|---|---|---|
| 希尔伯特将该猜想放入了他所列出的数学中最重要的未解之谜的列表中 | 哈代证明了黎曼的临界线上存在无穷多个解 | 前十万亿个零点都已被验证，它们都处在临界线上 |

际上等于 1，这是一个非常关键的数字。如果指数增加一个微小的量使之刚刚大于 1，序列将会收敛，但是，如果指数减小一个微小的量使之刚刚小于 1，序列将会发散。调和级数恰好处在收敛和发散的界限上。

**黎曼 zeta 函数**　著名的黎曼 zeta 函数 $\zeta(s)$ 早在 18 世纪就已经被欧拉所知了，但是是黎曼全面地意识到了它的重要性。$\zeta$ 是希腊字母 zeta，而该函数写为

$$\zeta(s) = 1 + \frac{1}{2^s} + \frac{1}{3^s} + \frac{1}{4^s} + \frac{1}{5^s} + \cdots$$

人们已经计算出了 $\zeta$ 为不同值时的结果，最显著地，$\zeta(1) = \infty$，因为 $\zeta(1)$ 正是调和级数。$\zeta(2) = \frac{\pi^2}{6}$，这个结果是欧拉发现的。可以证明当 $s$ 为偶数时，该函数的结果都与 $\pi$ 有关，而当 $s$ 为奇数时，关于 $\zeta(s)$ 的理论要困难得多。罗杰·阿培里（Roger Apéry）证明了一个重要的结论：$\zeta(3)$ 是一个无理数，但是他的方法并不能推广到 $\zeta(5)$，$\zeta(7)$，$\zeta(9)$ 等。

**黎曼猜想**　黎曼 zeta 函数中的变量 $s$ 是一个实数，但是它可以扩展到虚数的情况（见第 8 章）。在这种情况下，我们可以使用强大的复分析技术来处理。

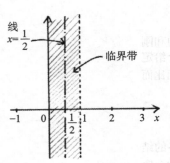

线 $x = \frac{1}{2}$

临界带

黎曼 zeta 函数用于无穷多的 0，即有无穷多的 $s$ 可以使得 $\zeta(s) = 0$。1859 年，黎曼向柏林科学院递交了一篇论文，证明了该函数的所有零点，都处于复平面上直线 $x = 0$ 和 $x = 1$ 之间的临界带中。他同时也提出了那个著名的假设

黎曼 zeta 函数 $\zeta(s)$ 的所有零点都处在直线 $x=1/2$ 上，即临界带的中心线上。

1896 年，德拉瓦莱-普桑和阿达马（Jacques Hadamard）分别独立地解决这一猜想的第一步。他们证明了所有的零点处在临界带的内部（因此 $x$ 不可能等于 0 或 1）。1914 年，英国数学家哈代证明了有无穷多的零点处在直线 $x = \frac{1}{2}$ 上，但是这并不足以保证不会有无穷多的零点落在了这条直线外边。

随着数值结果的不断增多，1986 年之前找到的所有非平凡零点（总

共有 1 500 000 000 个）都处在直线 $x = \frac{1}{2}$ 上，而迄今为止，已经验证了前十万亿个零点都是满足的。尽管这些实验结果都暗示着这个猜想是合理的，但仍然存在该猜想是不成立的概率。猜想的内容是所有的零点都落在这条临界线上，但是我们仍然等待着一个证明或是证伪。

**黎曼猜想为什么很重要**　黎曼 zeta 函数 $\zeta(s)$ 和质数定理之间有一个不期而遇的联系（见第 9 章）。质数是 2，3，5，7，11 等只可以被 1 和其自身整除的数。使用质数，我们可以建立一个如下的表达式

$$\left(1 - \frac{1}{2^s}\right) \times \left(1 - \frac{1}{3^s}\right) \times \left(1 - \frac{1}{5^s}\right) \times \cdots$$

该式是黎曼 zeta 函数 $\zeta(s)$ 的另一种表示形式。这告诉我们，黎曼 zeta 函数的知识可以为质数的分布带来一些新的启示，同时也可以为数学的基石带来一些新的理解。

1900 年，希尔伯特提出了著名的亟待数学家们解决的 23 个问题。其中，他这样描述第 8 个问题：如果我在沉睡了 500 年后醒来，我要问的第一个问题是：黎曼猜想已经被证明了吗？

当哈代在夏天拜访了丹麦朋友哈拉尔德·玻尔（Harald Bohr）之后，他准备穿越北海，这时，他选择黎曼猜想作为他的保险。在离开港口前，他向他的朋友邮寄了一张明信片，声称他刚刚证明了黎曼猜想。这真是一个聪明的赌注。如果他的船沉没了，人们将向他追授解决了这一伟大问题的荣誉。另一方面，如果上帝真的存在，是不会让哈代这样的无神论者获得这一荣誉的，因此，是不会让他的船沉没的。

将该问题严密证明的人可以获得凯莱数学学院提供的 100 万美金的奖金。但是，金钱并不是动力——大多数的数学家们希望能够解决这一伟大的问题，从而在最伟大数学家的殿堂中获得一席之地。

# 最终的挑战

# 术语表

**代数** 用字母取代数字，从而将算术扩展，代数是所有数学和数学应用中最普遍的方法。

**算法** 数学的处方；解决一个问题的流程。

**阿干特图** 一种用于显示二维复平面的方法。

**公理** 一个陈述，用于定义一个并不涉及真伪的判断。古希腊人使用"公设"这一表述方式，但是，对他们来说，公设都是不言而喻的真理。

**基** 数字系统的基数。古巴比伦人的数字系统以 60 为基，而现代数字系统的基数为 10（十进制）。

**二进制数字系统** 一种仅含 0 和 1 两种符号的数字系统，该系统是计算机的基础。

**集合的势** 一个集合中元素的个数。集合 {a, b, c, d, e} 的势为 5。但是，对于无限集来说，同样可以赋予势一定的意义。

**混沌理论** 关于看似随机但是具有内在规律性的动态系统的理论。

**可交换的** 如果代数系统满足 $a×b=b×a$，则称该系统中乘法是可交换的。普通代数是可交换的（例如，2×3=3×2）。但是对于很多现代代数的分支，情况并不如此（如矩阵代数）。

**圆锥曲线** 一类经典曲线的总称，包括圆、直线、椭圆、抛物线和双曲线。这些曲线都可以在圆锥的横截面上找到。

**推论** 一个定理的次级结论。

**反例法** 一种用于将命题证伪的方法。对于命题"所有的天鹅都是白色的"，如果找出一只黑色的天鹅，就可以证明该命题不成立。

**分母** 分数中下方的数。在分数 3/7 中，数字 7 为分母。

**微分** 微积分中的基本操作，可以计算出导数或变化速率。例如，对于一个描述距离依赖于时间的表达式，其导数表示的是速度。而速度表达式的导数表示的是加速度。

**丢番图方程** 要求解必须为整数或分数的方程。根据希腊亚历山大大港的数学家丢番图（公元 250 年）的名字命名。

**离散** 和"连续"意思相反的词。离散值之间存在间隙，例如整数 1，2，3，4…它们之间存在着间隙。

**分布** 在某个试验或场景中事件发生概率的范围。例如，泊松分布给出了小概率事件发生 r 次的概率。

**约数** 可以将另一个整数整除的整数。2 是 6 的约数，因为 6÷2=3。因此，3 是 6 的另一个约数，因为 6÷3=2。

**空集** 不包含任何元素的集合，通常记为∅。它在集合论中是一个非常有用的概念。

**指数** 算术中使用的一种表示法。一个数和自身相乘，如 5×5，可以记为 $5^2$，2 为指数。5×5×5 可以记为 $5^3$，等等。这种表示法可以被推广，例如，数字 $5^{1/2}$ 表示 5 的平方根。

**分数** 一个整数除以另一个整数，如 3/7。

**几何** 处理线、形状、空间的学科，该学科最早在公元前 3 世纪欧几里得的《几何原本》中被形式化。几何遍及于所有的数学学科中，如今已经不限于最初的含义。

**最大公约数 gcd** 两个数的 gcd 是可以同时将这两个数整除的最大的数。例如，6 是 18 和 84 的 gcd。

**16 进制系统** 一种以 16 为基的数字系统，该系统包含 0，1，2，3，4，5，6，7，8，9，A，B，C，D，E，F 这 16 个符号。它在计算中有广泛的应用。

**假设** 一个试探性的陈述，等待被证明或证伪。它和"猜想"具有相同的数学含义。

**虚数** 涉及 $i = \sqrt{-1}$ 的数。它们和实数组合在一起可以构成复数。

**积分** 微积分中用于计算面积的基本操作。可以证明，积分是微分的逆操作。

**无理数** 无法表示为分数的数（例如，2 的平方根）。

**迭代** 给定一个初始值 $a$，将一个操作不断重复，该过程称为迭代。例如，给定初始值 3，并重复加 5 操作，我们将得到迭

代序列 3，8，13，18，23…

**引理** 对证明一个主定理起到桥梁作用的命题。

**矩阵** 排列成正方形或矩形的数字或符号阵列。这些阵列可以被相加和相乘，并且它们构成了一个代数系统。

**分子** 分数中上方的数。在分数 3/7 中，数字 3 为分子。

**一一对应** 如果一个集合中的每个元素都和另一个集合中的一个元素相对应，反过来也成立，这种集合间相对应的关系称为一一对应。

**最优解** 很多问题要求最优解。例如，在线性规划中，这可能是一个最小化代价或最大化利益的解。

**计数系统** 一个数的大小取决于其数位。如数字 73，7 意味着"7 个十"，而 3 意味着"3 个一"。

**多面体** 具有多个面的固体。例如，四面体含有 4 个三角形的面，而立方体含有 6 个正方形的面。

**质数** 只有 1 和它自身两个

约数的整数称为质数。例如，7 是质数，而 6 不是质数（因为 $6 \div 2 = 3$）。通常认为质数序列中的第一个数是 2。

**勾股定理** 如果一个直角三角形三条边的边长分别为 $x$，$y$，$z$，则 $x^2 + y^2 = z^2$。其中，$z$ 为直角所对的最长边（斜边）的边长。

**四元数** 由哈密顿发现的四元数。

**有理数** 整数和分数统称为有理数。

**余数** 一个整数被另一个整数相除，最后剩下的数称为余数。用 3 除 17，商为 5，余数为 2。

**序列** 一个数字或符号的队列（可能是无穷的）。

**级数** 一个数字或符号队列（可能是无穷的）的和。

**集合** 一些元素的组合，例如，一些家具的集合为 F={椅子，桌子，沙发，凳子，茶几 }。

**平方数** 将一个整数和其自身相乘得到的数。9 是一个平方数，因为 $9 = 3 \times 3$。平方数是

指 1，4，9，16，25，36，49，64…这些数。

**平方根** 如果一个数和自身相乘的结果等于一个给定的数，则该数是这个给定数的平方根。例如，3 是 9 的平方根，因为 3×3=9。

**化圆为方** 一个作图问题，要求构建出一个和给定圆面积相同的正方形——并且只允许用一个直尺画直线和一对圆规画圆。

这是不可能做到的。

**对称** 形状的规则性。如果一个形状被旋转后和原位置相重合，则称该形状旋转对称。如果一个形状的镜像和其相重合，则称该图形镜像对称。

**超越数** 如果一个数不可能是代数方程，如 $ax^2+bx+c=0$，或 $x$ 的更高次方程的解，则称该数为超越数。$\pi$ 是一个超越数。

**双生质数** 两个相隔 1 个数的质数，例如 11 和 13。我们还不知道是否有无穷多对双生质数。

**单位分数** 分子为 1 的分数。古埃及人的数字系统有一部分以单位分数为基础。

**韦恩图** 集合论中使用的图示法（气球图）。

**$x$-$y$ 坐标轴** 该思想起源于笛卡儿，平面上的点都具有一个 $x$ 坐标（横坐标）和一个 $y$ 坐标（纵坐标）。

更多推荐

黑白，2017-11，39.00 元

黑白，2017-11，99.00 元

黑白，2017-11，39.00 元

黑白，2017-10，49.00 元

全彩，2017-08，49.00 元

黑白，2017-07，42.00 元

黑白，2017-05，39.00 元

黑白，2017-05，49.00 元

黑白，2017-04，46.00 元

黑白，2017-04，39.00 元

黑白，2017-04，39.00 元

黑白，2017-04，39.00 元

黑白，2017-03，49.00 元

黑白，2017-03，39.00 元

黑白，2016-11，35.00 元

黑白，2016-09，45.00 元

黑白，2016-09，49.00 元

黑白，2016-08，79.00 元

TURING
图灵教育

更多推荐

# 更多推荐

黑白，2016-08，42.00 元

黑白，2016-05，32.00 元

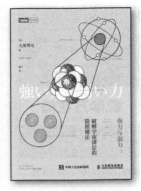

黑白，2016-05，39.00 元

黑白，2016-05，45.00 元

黑白，2016-01，32.00 元

黑白，2016-01，42.00 元

黑白，2016-01，42.00 元

黑白，2016-01，69.00 元

黑白，2016-01，39.00 元